设计与手绘丛书

景观手绘表现技法

Hand-painted Techniques of Landscape Design

张学凯　编著

化学工业出版社

·北京·

本书从手绘图的内涵、类别及表现方法导入，在讲解手绘工具与材料、线条运用、景观材质表现、景观植物及配景表现等知识的基础上，着重于对透视原理及构图法则、不同工具下的多种手绘表现技法与步骤的讲解，通过对多个景观方案整体设计与表现的解析，让读者在实际案例中掌握景观设计手绘的重点、难点，并通过优秀景观手绘作品展示，引导读者临摹优秀作品，使其潜移默化地掌握正确的手绘方法，提升其手绘能力。

本书适用于建筑、环艺类、园林规划类本专科师生以及相关设计行业从业人员。

图书在版编目（CIP）数据

景观手绘表现技法 / 张学凯编著 . －北京：化学工业出版社，2017.9（2022.10重印）

（设计与手绘丛书）

ISBN 978-7-122-30069-0

Ⅰ . ①景…　Ⅱ . ①张…　Ⅲ . ①景观设计 – 绘画技法　Ⅳ . ① TU986.2

中国版本图书馆 CIP 数据核字（2017）第 154147 号

责任编辑：张　阳　　　　　　　　　　　　　　装帧设计：王晓宇
责任校对：边　涛

出版发行：化学工业出版社（北京市东城区青年湖南街13号　邮政编码100011）
印　　装：北京建宏印刷有限公司
787mm×1092mm　1/16　印张9　字数218千字　2022年10月北京第1版第4次印刷

购书咨询：010-64518888　　　　　　　　　售后服务：010-64518899
网　　址：http://www.cip.com.cn
凡购买本书，如有缺损质量问题，本社销售中心负责调换。

定　　价：49.80元　　　　　　　　　　　　　　版权所有　违者必究

Preface / 前言

从求学到进入高校工作，我始终没有放弃对手绘的练习，我深信不管科技多么发达，电脑如何先进，手绘作为最原始的表现手段是不会被淘汰的。因为它是融合了人的思想与感情的，是灵感启发下的艺术，是一种无法被电脑替代的技能。

现今，许多建筑师、设计师最终提交的图纸都是通过电脑完成的，许多设计高手俨然是"电脑高手"。但不可否认的是，再高明的计算机软件都无法替代设计者的构思，再先进的电脑都无法培养设计师的设计素养。而手绘恰恰是设计师推敲构思、完善设计的重要手段，是提高设计素养的重要途径。

在实际工作中，手绘对训练设计师的观察能力，提高其审美修养，使其保持创作激情，并能迅速而直接地表达构思是十分有益的。一句话，没有扎实的手绘功底，就没有自由的表达能力。因而，手绘能力是一名成功的设计师所必须掌握的基本功

之一，是衡量一个建筑设计、景观设计人员水平高低的重要标准之一。

要想学好手绘，首先要有恒心和毅力，只有把它当作爱好，随时随地地练习和积累，才会有进步。其次，画手绘需要脑和手。

脑的思考程度决定了手绘图的内涵，手的贯彻程度决定了手绘图的效果。画什么内容，是局部还是全部，是结构还是肌理，是头脑思考的结果；怎么画，是线条还是明暗，是写实还是概括，也是头脑思考的结果。

但是，只有思考和理解，而手的训练不到位，头脑中的东西就得不到贯彻。实际上，不管画什么内容，线条的流畅与否、形体的准确与否、构图的生动与否，直接决定了手绘作品的完成度。为此，初学者平时应该经常拿起笔画速写，临摹图片，练习小品的徒手表现，增加自己的手感和造型能力。随着时间的推移，你的手绘能力将大有进步。然后，在此基础上再加一些个性的内容，慢慢就形成了自己的风格。

不知不觉间，通过脑与手的并用，你就会成为手绘高手。

编著者
2017 年 3 月

Contents 目录

1 景观设计手绘图概述

1.1 景观设计手绘图的内涵与意义

　　手绘是设计师必不可少的一门基本功，手绘图是设计师表达设计理念、表达方案结果最直接的"视觉语言"。在设计创意阶段，手绘草图能直接反映设计师构思时的灵光闪现，它所带来的结果往往是不可预知的，而这种"不可预知性"正是设计原创精神的灵魂所在。草图所表达的是一种假设，而设计创意本身就是假设再假设，用草图来表达这种假设十分方便，它不是一个目标，而是一种手段和过程，是对空间进行思考与推敲，往往会经过一系列思维碰撞而产生灵感的火花（图 1-1-1、图 1-1-2）。同时，作为一门艺术，手绘图因为表现者的修养而呈现出丰富多彩的艺术感染力，这些都是计算机无法比拟的。

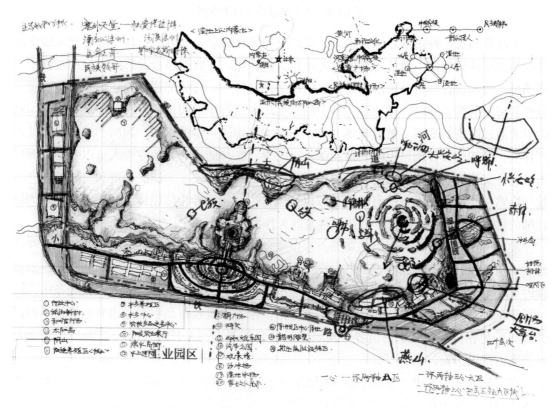

图 1-1-1　景观规划设计方案构思草图

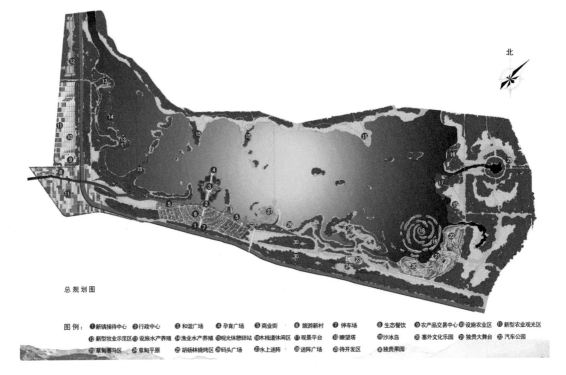

总规划图

图例：①新镇接待中心 ②行政中心 ③和谐广场 ④孕育广场 ⑤商业街 ⑥旅游新村 ⑦停车场 ⑧生态餐饮 ⑨农产品交易中心 ⑩设施农业区 ⑪新型农业观光区
⑫新型牧业示范区 ⑬设施水产养殖 ⑭渔业水产养殖 ⑮观光休憩驿站 ⑯木栈道休闲区 ⑰观景平台 ⑱瞭望塔 ⑲沙冰岛 ⑳塞外文化乐园 ㉑独贵大舞台 ㉒汽车公园
㉓草甸赛马区 ㉔草甸平原 ㉕胡杨林烧烤区 ㉖码头广场 ㉗水上迷阵 ㉘迷阵广场 ㉙待开发区 ㉚独贵果园

图 1-1-2　景观规划设计总平面图

　　手绘草图是一种图示思维方式，其要点是形象化的思考和分析，即设计师把大脑中的思维活动延伸到外部，通过图形使之外向化、具体化。在数据组合及思维组织的过程中，草图可以协助设计师将种种游离、松散的概念用具体的、可见的图形表述出来。在发现、分析和解决问题的同时，设计师头脑中的思维形象通过手的勾勒而使其跃然纸上，所勾勒的形象通过眼睛的观察又被反馈到大脑，刺激大脑作进一步的思考、判断和综合，如此循环往复，最初的设计构思也随之愈发深入、完善。在与同事、其他专业人员以及相关部门人员进行交流、协调的过程中，草图是不可替代的最为方便、快捷、经济和有效的媒介。技巧娴熟、绘制精良的草图有时甚至可以征服他人，使观者相信设计师的能力，从而为设计师的后续工作创造被理解、信任和尊重的工作氛围。

　　设计往往开始于那些粗略的草图。草图是创作思维的外在表现，能让创造性意象在快速表现中迸发，在冷静思考中成熟。设计师通过笔进行思考，当手绘草图水平达到一定程度时就能笔下生花。如弗兰克·盖里，在他扭曲、蜿蜒、有节制而颤动的草图线条中，产生了毕尔巴鄂古根海姆博物馆；扎哈·哈迪德在她的建筑画作品中表现出对电影情境的经营，似乎是在探索潜意识的世界，构筑自己的乌托邦。图 1-1-3 ～图 1-1-7 为一个景观设计方案的构思过程。

　　在实际设计工作中，景观手绘草图更加侧重于使用快速而便捷的工具，以最高效的手段表达设计，表达自己的思想。草图的绘制过程既是设计表达的一部分，也是设计构思的内容，不断生成的草图还会对设计构思产生刺激作用。设计开始阶段，通常是进行图解分析，如使用泡泡图、系统图等理清功能空间的关系，然后运用二维的平面草图与剖面草图来初步构思方案的内部功能与空间形象。这是因为通过想象得到的形象是不稳定的、易变的，只有将它用视觉化的方法记录下来，才能真正实现形象化。

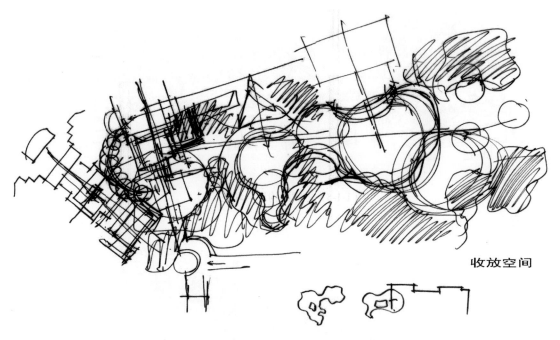

图 1-1-3　设计师的图示思维方式（初步构思）

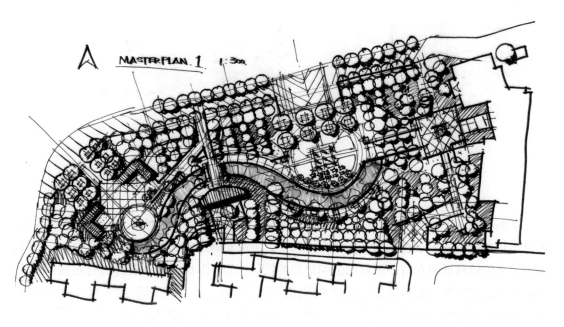

图 1-1-4　草图方案进一步形成

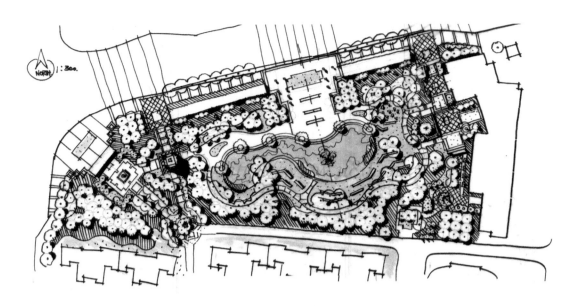

图 1-1-5　方案的构思与调整（1）

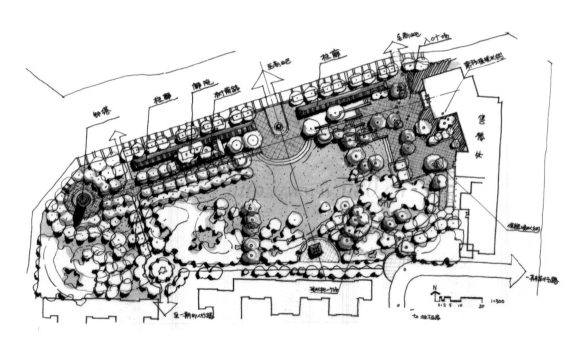

图 1-1-6　方案的构思与调整（2）

　　草图在视觉上是潦草、粗略的，但却蕴涵着可以发展的各种可能。在设计构思过程中，可以用相对模糊的线条忽略细节，从大局入手，快速地确定大的、主要的设计构想。然后，用半透明的硫酸纸蒙在前一张草图上勾画新的设计构思，形成一个对设计进行甄别、选择、排除和肯定的过程。这样既能保留已被肯定的设计内容，又可看出设计的过程，从而提高设计效率，设计师也可以避免因过早纠缠于细节问题而影响对整体的判断。

　　随着设计的深入，被肯定的设计内容越来越多，设计的精细度要求也越来越高。显而易见，绘制草图能够促进设计概念的形成，且容易掌握。在设计构思阶段，主要的表达形式就是手绘草图。草图虽然看起来粗糙、随意、不规范，但它常常记录了设计师的灵感火花。正因为它的"草"，多数设计师才乐于借助它来思考，这正是手绘草图的魅力所在。

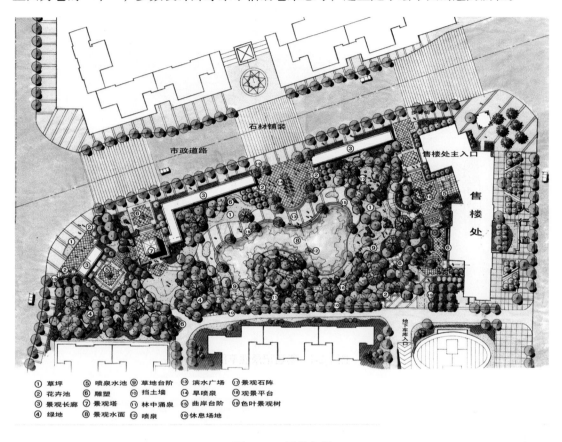

① 草坪　　⑤ 喷泉水池　⑨ 草地台阶　⑬ 滨水广场　⑰ 景观石阵
② 花卉池　　⑥ 雕塑　　　⑩ 挡土墙　　⑭ 旱喷泉　　⑱ 观景平台
③ 景观长廊　⑦ 景观塔　　⑪ 林中涌泉　⑮ 曲岸台阶　⑲ 色叶景观树
④ 绿地　　　⑧ 景观水面　⑫ 喷泉　　　⑯ 休息场地

图 1-1-7　最终方案

1.2　景观设计手绘图的类别

景观手绘表现的形式各样，风格迥异，其中不乏严谨工整、简明扼要的，也不乏粗犷奔放、灵活自由的，更不乏质感真切、精细入微的。无论是哪一种表现手法，都是建立在对景观手绘表现基本特征深入了解的基础上，不在于谁优谁劣，关键在于什么阶段、什么条件下使用更方便，更易于发挥设计师的灵感与艺术创造性。

1.2.1　记录性草图

作为景观设计师，需要不断地完善与丰富自己的设计素材库，记录性草图就是一种很好的记录手段与工具。作为一种图形笔记，记录性草图大多源于生活中的一些随笔，当看见一些好的设计作品，很随意地勾画几笔，快速地记录下来，就能在脑海里形成一个深刻的印象。在出去采风考察时，也可随身带一个速写本，记录随时迸发的灵感火花。经常进行这种资料的汇集，日积月累，就能在脑里形成一个很大的资料库（图 1-2-1 ～图 1-2-7）。

图 1-2-1　街道记录性草图

图 1-2-2　亲水区记录性草图

图 1-2-3　表现建筑与塔楼关系的记录性草图

　　记录性草图与笔记、摄影、录像、录音一样，在设计的资料调研阶段可以用来巩固视觉数据的记忆，将视觉数据作具体、快速地表达或记录。这种记录要求清晰、准确，有时随着思维的深入，前期的调研和记录工作需要不止一次地反复进行。

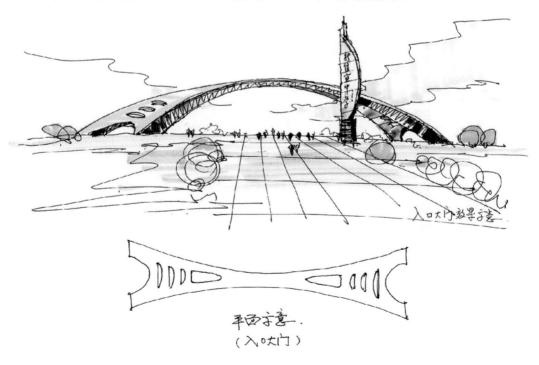

图 1-2-4　校园入口记录性草图

图 1-2-5　小区景观记录性草图

图 1-2-6　记录性草图（1）

图 1-2-7　记录性草图（2）

1.2.2　设计构思草图

　　设计师在进行设计创作中，在观察物象的同时，常常会在大脑中将视觉数据进行分析与组合，这时草图可被用来记录设计师对视觉数据进行初始化分析和想象的过程。设计是对设计条件不断协调、评估、平衡，并决定取舍的过程。当我们拿到一个设计项目时，常常会对项目进行空间分析与推敲，在推敲的过程之中慢慢形成自己的一些想法，反复经过几次这样的过程，方案开始进一步地确定，同时在进行草图的修改中往往会有一些意想不到的收获。设计构思草图就是运用图示的形式来推进思维活动，尤其是在方案开始阶段，可以运用徒手绘制草图的形式把一些不确定的抽象思维慢慢地图示化，捕捉偶发的灵感以及具有创新意义的思维火花，一步一步地实现设计目标。绘制设计构思草图的过程是发现问题，解决问题的过程，同时还可以培养设计师敏锐的感受力与想象力（图 1-2-8 ～图 1-2-10）。

1.2.3　手绘效果图

　　正式的手绘效果图一般会在设计最终完成的阶段绘制。这个时候的效果图画面结构严谨、材质色彩和光影布局准确。在画最终效果图时偶尔需要借助尺子等工具，这样更加容易获得准确而有力的线条。这种手绘效果图最大尺度地接近真实环境氛围。然而景观手绘效果图既不能像纯绘画那样过于主观随意地表达想法，也不能像工程制图那样刻板，要在两者之间做到艺术与技术兼备，一般来说应具备以下几点。

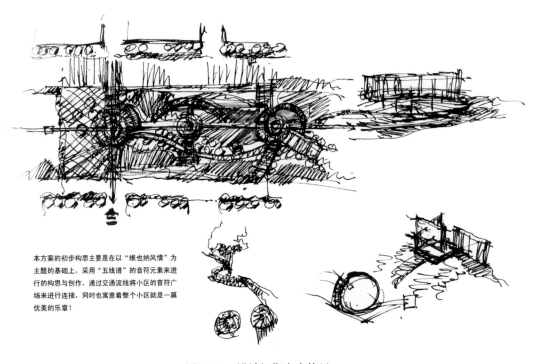

本方案的初步构思主要是在以"维也纳风情"为主题的基础上，采用"五线谱"的音符元素来进行的构思与创作，通过交通流线将小区的音符广场来进行连接，同时也寓意着整个小区就是一篇优美的乐章！

图 1-2-8　设计初期方案构思

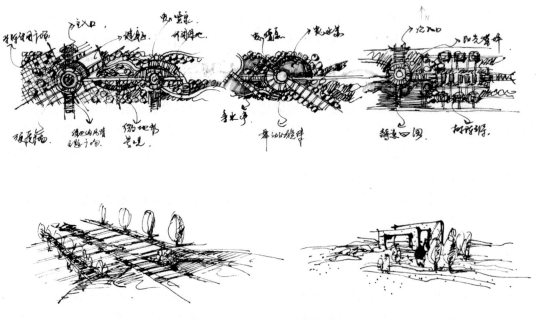

图 1-2-9　比较完整的构思草图

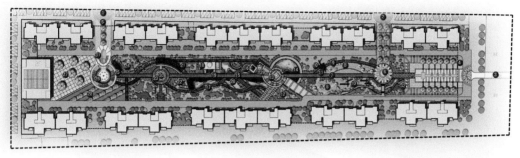

❶ 小区主入口	❾ 田园步道	❿ 情趣步行园路	㉕ 特色廊道
❷ 小区次入口	❿ 诗意景墙	⓲ 亲水景亭	㉖ 维也纳风情主题广场
❸ 步行景观桥	⓫ 休闲平台	⓳ 欧式景观廊架	㉗ 中老年文化休闲娱乐广场
❹ 维也纳之声入口广场	⓬ 微地形景观	⓴ 亲水平台	㉘ 特色铺装景区
❺ 主入口景石	⓭ 舞动的旋律主题广场	㉑ 休闲廊架	㉙ 风情景观廊
❻ 诗意田园主题广场	⓮ 亲水平台	㉒ 儿童游乐区	㉚ 维也纳风情主题雕塑
❼ 景观大道	⓯ 景观大道	㉓ 喷泉休闲广场	㉛ 入口特色喷泉景观
❽ 阳光草坪	⓰ 欧式情趣景观亭	㉔ 居民健身区	㉜ 欧式立柱

图 1-2-10　最终方案

① 空间整体感强，透视准确。

② 比例合理，结构清晰，关系明确，层次分明。

③ 色彩基调鲜明准确，环境氛围渲染充分。

④ 质感强烈，生动灵活（图 1-2-11～图 1-2-16）。

图 1-2-11　景观手绘效果图（1）

图 1-2-12　景观手绘效果图（2）

图 1-2-13　景观手绘效果图（3）

图 1-2-14　景观手绘效果图（4）

图 1-2-15　景观手绘效果图（5）

图 1-2-16　景观手绘效果图（6）

1.3　手绘快速表现的方法与技巧

　　手绘图大多是徒手绘制的，这就要求设计师必须具备一定的艺术绘画功底。在当今这个计算机绘图的时代，作为设计师更要强调手绘图的重要性，并深入研究，充分体现设计的原创意识。画好手绘图需要做好以下几点。

　　（1）树立画好手绘图的信念

　　人人都能学会画手绘图，即便是一些没有美术基础的人，经过一定的训练也能够画好。许多技法娴熟的设计师最初的作品也是幼稚的，但只要制定一个合理而有效的学习目标，并勤加练习，在长期努力中，快速手绘的能力就会日益增进。

　　（2）临摹与写生

　　临摹优秀作品是提高手绘能力的一个重要手段。选择一些有代表性的作品进行针对性的学习，在临摹的过程中来体会各种工具的使用技巧，这样能事半功倍。临摹一般由简单的空间开始，比较容易控制画面。在临摹的过程中，一定要带着思考去学习，而不是简单地临摹。这个过程有助于我们对各种表现工具的认识和基本技法的掌握。提高手绘能力的另一个重要手段就是写生，手绘图很多时候往往都是以速写的形式出现，速写能够提高我们快速思考的能力，同时也能不断地提高我们对空间快速概括与提炼的能力（图 1-3-1 ～图 1-3-4）。

图 1-3-1　构图完整、简洁，透视准确的画面

图 1-3-2　虚实变化处理得当

图 1-3-3   远景与近景有不同的表现方法

图 1-3-4   人物在环境中的表达

（3）把手绘练习当成一种习惯

养成经常手绘的习惯，不断地坚持下去。前期通过多画一些钢笔速写与钢笔画来打好基础，之后再将临摹与创作相结合，达到融会贯通的程度，这样手绘学习就会变得容易。同时，要明确学手绘表现是为了表达设计，而不能为了纯粹的表现而表现，应该在设计的指引下，丰富和完善自己的表现能力，以便为日后的设计更好地服务（图1-3-5～图1-3-9）。

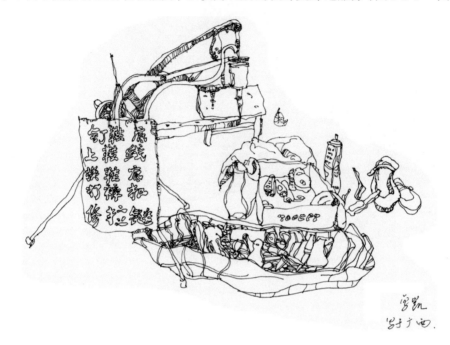

图1-3-5　生活速写

图1-3-6　小的趣味场景不容错过

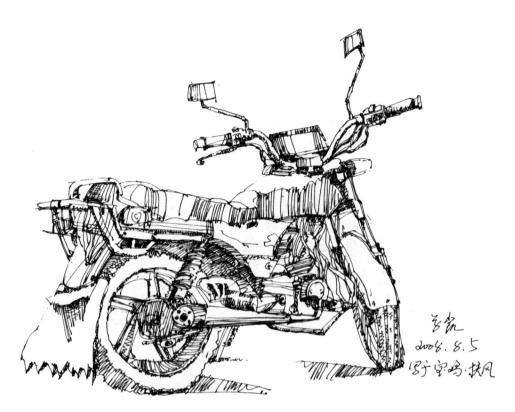

图 1-3-7　交通工具手绘练习

图 1-3-8　手绘练习

图 1-3-9 室内一角手绘练习

（4）设计创作与表现

掌握了一定的基本功之后就可以开始设计创作。创作之前需要做好以下工作。

① 熟悉与设计问题有关的各种资料和信息（场地勘察、人文环境调查等）。

② 分析这些资料信息，获得对设计问题的基本了解。

③ 提出解决问题的办法（可采用文字描述、方案草图、泡泡图等方式）。

④ 决定采用什么工具。一般选择自己得心应手的工具，如针管笔、彩色铅笔、马克笔等，可根据自己的绘画习惯而定。

⑤ 选择合适的透视角度，表现图中所运用的透视主要有一点透视和两点透视。合理的透视角度利于快速准确地表现出设计理念。其中一点透视是最容易绘制的，这种透视的画面整齐、稳定且有庄严感。相对于两点透视，一点透视表现得比较全面，所以它是最常用的绘图表现形式。在画好透视效果后，还可以增加局部细节来充实空间内容。

2 景观设计手绘基础知识

2.1 手绘的工具与材料

"工欲善其事，必先利其器"。在手绘图的绘制过程中，优良的工具与材料起着至关重要的作用，为技法的学习提供了很多便利的条件。使用不同的工具材料，产生不同的表现形式，可以得到不同的表现效果。为了取得高质量的表现效果图，必须要全面地了解手绘工具与材料。

2.1.1 钢笔、中性笔、针管笔

① 钢笔——其笔触表现奔放而富有张力，明暗对比强烈，视觉冲击力强，适合草图表现（图 2-1-1、图 2-1-2）。

② 中性笔——与钢笔有相同的特点，转动笔尖可画出不同粗细且变化丰富的线条，线条优美而富有张力，一般在画快速设计草图或写生时比较适合（图 2-1-3）。

③ 一次性针管笔——线条表现自由奔放，生动活泼，属于一次性用笔，根据习惯可选择不同粗细的型号使用，建议使用樱花牌 0.2 号（图 2-1-4）。

图 2-1-1　中性笔、针管笔、钢笔

图 2-1-2　钢笔的应用

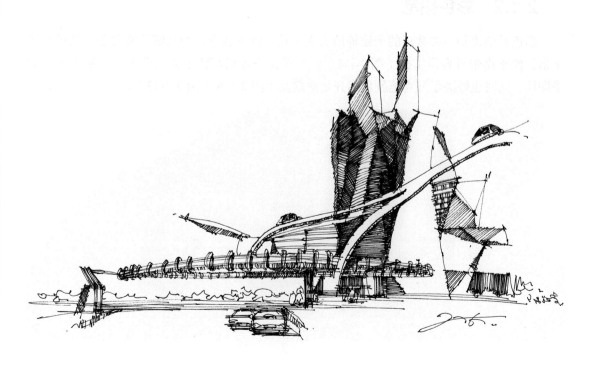

图 2-1-3　中性笔的应用

图 2-1-4　针管笔（樱花 0.2 号）的应用

2.1.2　彩色铅笔

彩色铅笔也是一种常用的手绘辅助表现工具，色彩齐全，刻画细节能力强，色彩细腻丰富，便于携带且容易掌握（图 2-1-5），尤其在表现画幅较小的效果图时非常方便，拿来即用，同时也解决了马克笔颜色不齐全的缺憾（图 2-1-6 ～图 2-1-13）。

图 2-1-5　辉柏嘉彩色铅笔

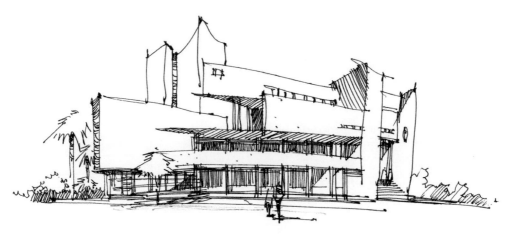

图 2-1-6　彩色铅笔的表现及应用（1）

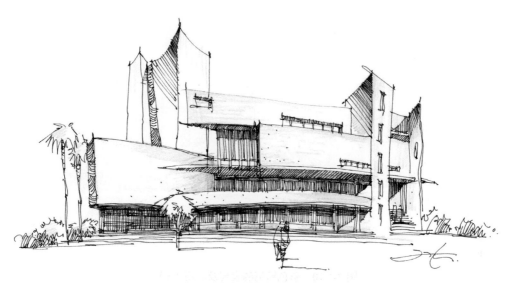

图 2-1-7　彩色铅笔的表现及应用（2）

图 2-1-8　彩色铅笔的表现及应用（3）

图 2-1-9　彩色铅笔的表现及应用（4）

图 2-1-10　彩色铅笔的表现及应用（5）

图 2-1-11　彩色铅笔的表现及应用（6）

图 2-1-12　彩色铅笔的表现及应用（7）

图 2-1-13　彩色铅笔的表现及应用（8）

2.1.3　马克笔

马克笔可分为水性马克笔和油性（又叫"酒精性"）马克笔，是一种常用的效果图表现工具。马克笔的笔端有方形和圆形之分，方形笔头整齐、平直，笔触感强烈而且有张力，适合于块面物体的着色，而圆形笔端适于较粗的轮廓勾画和细部刻画。马克笔因作图快捷方便、效果清新雅致、表现力强的特点，深受设计师的青睐。

马克笔颜色号码是固定的，难以调配使用，只能利用它色彩透明的特点一层一层地叠加使用，一般需先浅后深，逐步深入。马克笔颜料根据不同的要求，配置出的同色相而深浅不同的多种明度和纯度的色笔可达上百种，且色彩的分布按照使用频度分成几个系列，绿色系、蓝色系、暖灰色系、冷灰色系、黄色系、红色系等。景观表现的颜色一般以大量的灰色和绿色为主，这两种色系基本上就能够满足景观设计手绘表现的需要了。马克笔常用品牌笔型如下。

①美国霹雳马牌马克笔——笔头相对比较宽，比较利于大面积着色，色彩比较柔和淡雅（图 2-1-14）。

图 2-1-14　美国霹雳马牌马克笔

②三福牌马克笔——笔头韧性好，色彩沉稳（图 2-1-15）。

图 2-1-15　三福牌马克笔

③韩国 TOUCH 牌马克笔——笔头窄，颜色相对比较鲜艳，价格便宜，适合初学者使用（图 2-1-16）。

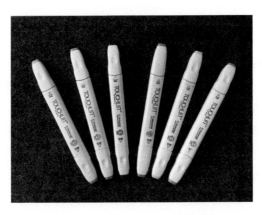

图 2-1-16　韩国 TOUCH 牌马克笔

马克笔的应用与表现如图 2-1-17～图 2-1-19 所示。

图 2-1-17　马克笔的应用与表现（1）

图 2-1-18　马克笔的应用与表现（2）

图 2-1-19　马克笔的应用与表现（3）

2.1.4　修正液的使用

修正液一般在画面收尾的时候使用。第一可以用来修正画面错误的地方，第二可以用来提高光，对一些特殊的材质起到画龙点睛的作用。在表现玻璃、水景、反光的时候时常会用到（图 2-1-20）。

图 2-1-20　修正液起到画龙点睛的作用

2.1.5　不同纸张的选择与使用

在手绘过程中，选纸不同，画出的色泽和效果也不一样。因此，选择合适的纸张非常重要。用于马克笔表现的常用纸有马克笔专用纸、硫酸纸、复印纸等。一般的练习用复印纸即可。硫酸纸是马克笔作图的理想用纸，它无渗透性，纸面晶莹光洁，可以反复修改，正反两面均可使用，并可为画面增添含蓄的韵味。油性马克笔在吸水性较强的白纸上着色会出现线条扩散的效果（图2-1-21～图2-1-23）。

图 2-1-21　硫酸纸上表现（1）

图 2-1-22　硫酸纸上表现（2）

图 2-1-23　白纸上表现

2.2　不同线条的练习与运用

线条是手绘表现的基本语言，任何设计草图都是由线条组成的。线条又是画面的骨架，在画面结构中发挥主要的作用。不同的线条具有不同的情感色彩，可简单归纳如下。

① 垂直线条：可以促使视线上下移动，显示高度，给人以耸立、高大、向上的印象。

② 水平线条：可以导致视线左右移动，产生开阔、伸延、舒展的效果。

③ 斜线条：会使人感到线从一端向另一端扩展或收缩，产生变化不定的感觉，富于动感。

④ 曲线条：使视线时时改变方向，引导视线向重心移动。

⑤ 圆形线条：可以使人们的视线随之旋转，有更强烈的动感。

线条的形式看起来好像很复杂，实际上进一步归纳起来，只分为直线和曲线两大类。直线包括垂直线、水平线和斜线。曲线的线条形式虽然比较丰富，但基本上都是波状线条的各种变形。对于线条笔触的长度控制主要在于手指、手腕、肘和肩之间的移动，用肩作为支点可使线条果断而准确，用小拇指作为稳定的支点放在纸上，再滑动手，可使线条更流畅。

线条的使用技巧是表达画面感染力的重要手段，掌握多种不同的线条表现技法是设计师必备的本领。为了更好地把握线条的性格，这里总结了几种常用线条的练习方法。

2.2.1　直线的练习

直线练习有两种方式，一种是徒手绘制，一种是尺子绘制，可以根据不同的情况选择使用。当然，徒手绘制更加具有情感色彩，可以由不同的用力而得到不同的线条，而这种力正好体现了手绘表现的魅力。在表现图中，直线的手绘技巧强调的是线的连续性与准确性，每一笔都应该有目的性，做到胸有成竹（图2-2-1、图2-2-2）。

图 2-2-1　直线的练习（1）

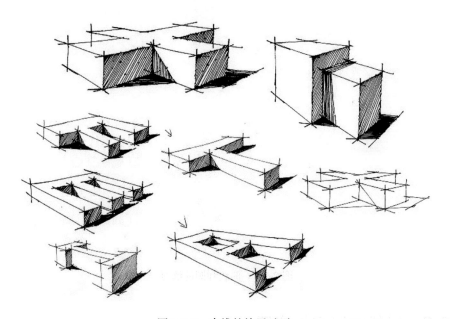

图 2-2-2　直线的练习（2）

2.2.2　曲线和圆的练习

在景观表现中，曲线的运用是整个画面最活跃的因素。画曲线时一定要果断有力，不能出现描的现象（图2-2-3）。

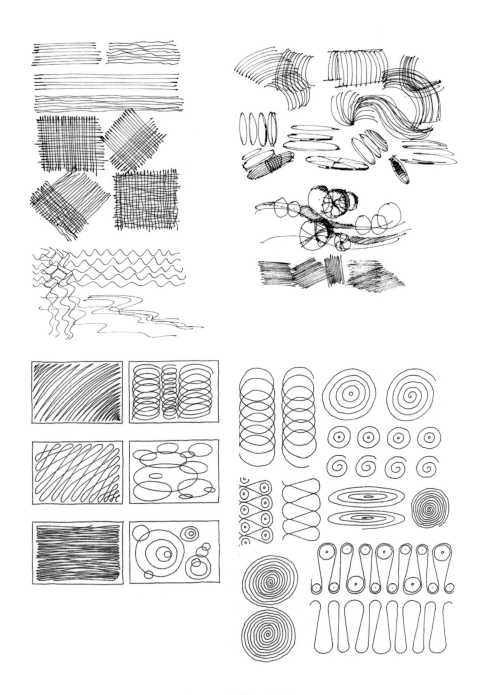

图 2-2-3　曲线和圆的练习

2.2.3　抖线的练习与应用

之所以把抖线单独列出来，一是因为对于大多数手绘爱好者来说，这种线条比较容易掌握，又富于表现力，而且因为运笔速度比较慢，能给设计者留下比较大的思考空间。二是在景观设计表现中，这种线条的运用范围比较广泛，可以通过抖线把画面结构刻画得更加清楚，相对其他线条而言，抖线在景观手绘表现时更具表现力和艺术感染力（图 2-2-4）。

图 2-2-4　抖线的练习

2.2.4　景观单体训练

可参考图 2-2-5 ～图 2-2-11 进行训练。

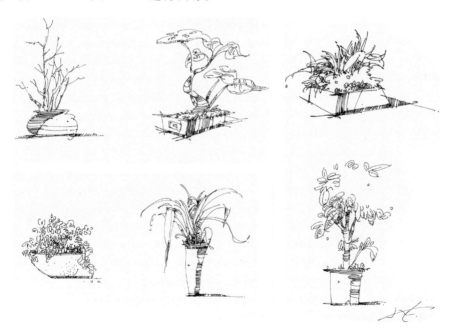

图 2-2-5　盆景的训练

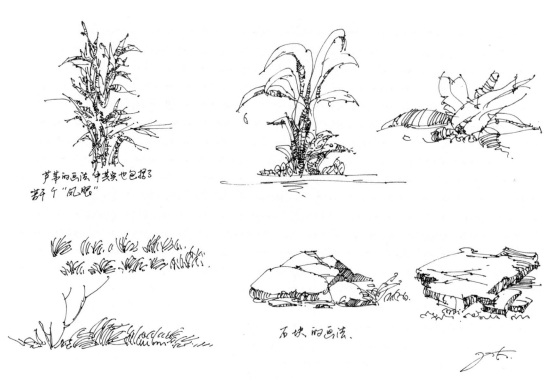

芦苇的画法 中其实也包括了
好个"风眼"

石块的画法。

图 2-2-6　植物与石块的训练

斧劈石的画法。

图 2-2-7　石块等的训练

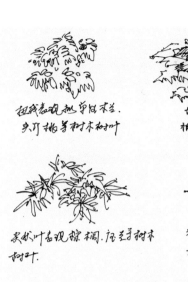

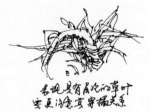

团状表现枫、杨、
实叶桃等树木树叶

块状表现构桐、
枫香等树木树叶

圆圈状用来表示香樟、
总物状、如真子 树林树叶

束状叶表现棕桐、麻主等树木
树叶

涌形表现锐青、槐树等树林
树叶

表现具有层次的章叶
要表达其穿插关系

勾勒也缘为草的画法，在冷叶立面图中有用

带用于和禾刷前景、温深画面的录。
"v"字形。

图 2-2-8　不同树叶的表现

图 2-2-9　石块的训练

图 2-2-10　多种植物的训练

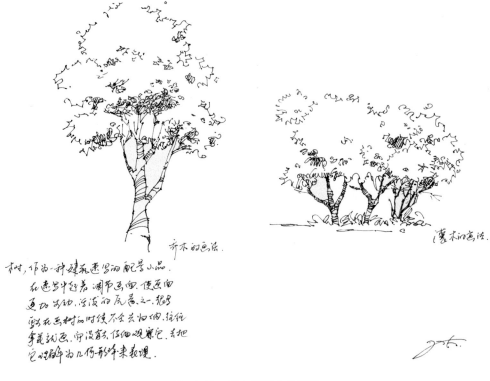

图 2-2-11　乔木和灌木的画法

2.3 不同景观材质的表现

材料的质感与肌理往往给人们留下较为深刻的印象。不同的质感与肌理反映了不同材质的属性，这在手绘表现图中可以通过色彩与线条的虚实关系来得以体现。通过了解与归纳各种材料的特点，有助于在手绘时赋予各种材质以不同的图像特征，比如玻璃的通透性与反光的特点、金属材料强烈的反光与对比、混凝土的凹凸不平等，这些都是材料固有的视觉语言。对材料质感与肌理特征的表达，关键在于抓住其固有色，然后刻画其纹理特征以及环境影响等。

2.3.1 墙面与瓦面的表现

墙面在景观和建筑图中出现得比较多，应根据不同的质感属性采取相应的手法与工具。在表现时，应该抓住总体的色彩倾向。由于在阳光照射下墙面会产生一种渐变的投影效果，所以要注意画面虚实关系的处理。而选择不同的色彩，往往可以表现出石材、玻璃、木材等不同的材质。一般步骤如下。

① 用马克笔铺设基本色调。假设阳光是从左上方照射进来，分析哪个部分会是重色，给出大致的单色光源，并且要清楚哪个地方会产生投影。

② 加深画面的投影，丰富色彩，营造画面渐变的光感，从而增加画面的生动性。根据不同的材质，表现手法略有不同。

图 2-3-1、图 2-3-2 是建筑墙面以及玻璃幕墙的表现效果。

图 2-3-1　建筑墙面及玻璃幕墙的表现（1）

图 2-3-2　建筑墙面及玻璃幕墙的表现（2）

　　瓦面表现和墙面表现的基本原理类似，以瓦片、水泥等几种形式出现得比较多，刻画时应该注意瓦片的疏密关系，不宜刻画得过于平均。另外，阴影刻画至关重要，投影反映了瓦面与墙面的空间关系（图 2-3-3～图 2-3-5）。

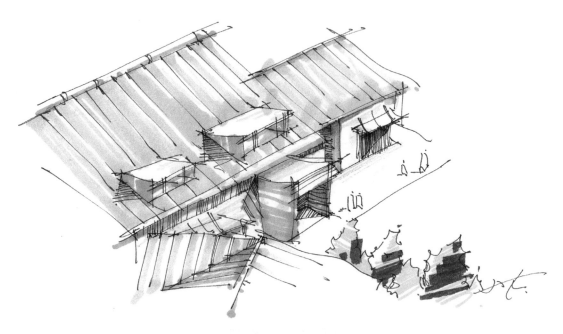

图 2-3-3　现代建筑屋顶的表现

图 2-3-4　群落式民居屋顶的表现

图 2-3-5　民居类屋顶的表现

2.3.2　石材的表现

石材是常用的景观建筑材料之一，常用于地面与墙面，从表现肌理看，可以将其简单地分为毛面与抛光面两大类。两者特征差别比较大，毛石与毛面的石材夸大了表面的色彩，形体起伏比较大，形状大小不定；而经过抛光加工后的石材则表面平整光滑，反光明显。

毛面石材的基本表现方法如下。

① 画之前确定毛石的基本色调，在基本色调中再去强调不同的色彩关系。

② 确定明暗关系后，对起伏比较大的形体加以强调，以突出毛石的视觉特性（图 2-3-6、图 2-3-7）。

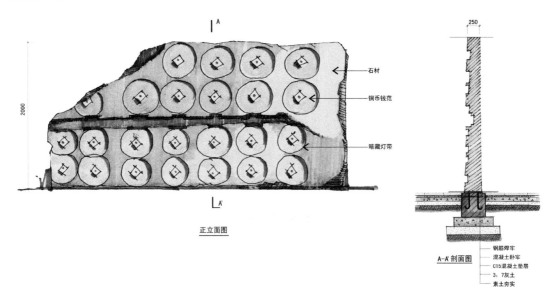

图 2-3-6　毛面石材的表现（1）

图 2-3-7　毛面石材的表现（2）

光滑石材的表现方法如下。

① 光滑石材的特点在于反光比较强烈，有明显的镜面效果，而且受环境色的影响比较大。在画之前要考虑好反光与投影的处理。画时先用灰色铺设整体的明暗关系，形成一个统一的色调，颜色不宜过深（图 2-3-8 ～图 2-3-10）。

② 添加垂直投影与环境色彩，增强光滑石材的质感，并统一整个画面的色调。

图 2-3-8　光滑石材的表现（1）

图 2-3-9　光滑石材的表现（2）

图 2-3-10　光滑石材的表现（3）

2.3.3　木材的表现

木质材料通常在室外运用得比较多，一般木材的表面会涂上油漆或者做防腐染色处理。虽然木材有各种不同的色彩与种类，但是通常都会保留木材的基本纹理，所以其表现手法大同小异（图 2-3-11～图 2-3-15）。

图 2-3-11　木制材料在景观小品设计中的表现（1）

图 2-3-12　木制材料在景观小品设计中的表现（2）

图 2-3-13　木制材料在景观小品设计中的表现（3）

图 2-3-14　景观休闲平台的表现

图 2-3-15　景观亲水平台的快速表现

2.3.4　道路及其他材质的表现

具体如图 2-3-16 ～图 2-3-18 所示。

图 2-3-16 道路及其他材质的表现（1）

图 2-3-17 道路及其他材质的表现（2）

图 2-3-18 道路及其他材质的表现（3）

2.4 景观植物及其组合表现

植物作为景观中重要的配景元素，在园林设计中所占的比例非常大，因此植物表现是手绘图中不可缺少的一部分。自然界中的植物千姿百态，各具特色，各种植物的枝、干、冠决定了其各自的形态特征。因此学画植物时，首先，要观察其形态特征以及各部分的关系，了解其外轮廓形状，学会对形体进行概括。其次，初学者在临摹过程中要做到手到、眼到、心到，学习别人在植物形态概括和质感表现处理上的手法与技巧。同时，应该经常写生，锻炼对形体的概括和把握能力。

在景观设计中运用较多的植物主要有乔木、灌木、草本三类。每一种植物的生长习性不同，造型也不同。画面中植物表现得好坏直接影响到画面的优劣，需要进行重点练习。

2.4.1 乔木的表现

乔木是指树身高大的树木，由根部生长出独立的主干，树干和树冠有明显的区分，与低矮的灌木相对应。杨树、槐树、松树、柳树等都属于乔木类。

树木一般分为5个部分：干、枝、叶、梢、根。从形态特征看，树枝有缠枝、分枝、细裂、节疤等特点，树叶有互生、对生的区别，了解这些基本的特征、规律有利于我们进行快速表现。画树先画树干，树干是构成整体树木的框架，要注意树干的分枝习性，合理安排主干与次干的疏密布局（图2-4-1）。

图2-4-1　乔木表现

画近景的树时需要刻画详细，以表现出其中的穿插关系，具体应做到以下几点。

① 清楚地表现枝、干、根各自的转折关系。

② 画枝干时注意上下多曲折，忌用单线。

③ 画嫩叶、小树时用笔可快速灵活，老树结构多，曲折大，应描绘出其苍老感。

④ 树枝表现应有节奏美感。"树分四枝"指的就是一棵树应该有前、后、左、右四面伸展的枝丫，方有立体感。只要懂得这个原理，即使只画两三枝，也能够表达出疏密感来。

画远景的树时一般采取概括的手法，表达出大的关系，体现出树的形体，色彩纯度降低。

表现前景的树时，一般应突出形体概念，着色相对较少，更多的时候只画一半以完善构图，做收尾之用。

2.4.2　灌木的表现

灌木与乔木不同，植株相对矮小，没有明显的主干，呈丛生状态，一般可分为观花、观果、观枝干等几类，是矮小而丛生的木本植物。单株的灌木画法与乔木相同，只是没有明显的主干，且近地处枝干丛生。灌木通常以片植为主，有自然式种植和规则式种植两种，其画法大同小异，要注意疏密虚实的变化，进行分块，抓大关系，切忌琐碎。一般的步骤如下。

① 根据灌木的特点勾画出大概的形体。线稿阶段不宜刻画得过于深入，保持大概的形体关系即可。

② 设置光线来源方向，铺设亮面与暗面的色彩。亮面的色彩与暗面的色彩要有明确的明暗对比。

③ 注意用 AD 牌马克笔表现时颜色容易散开，所以刻画时外轮廓应适当放松一点，不宜画得太紧。

④ 调整画面整体色彩，协调画面关系。在亮面适当增加一点枝叶的细节，可以让画面更加生动（图 2-4-2 ～图 2-4-10）。

图 2-4-2　单棵表现

图 2-4-3　灌木快速表现步骤（1）

图 2-4-4　灌木快速表现步骤（2）

图 2-4-5　灌木与石材表现（1）

图 2-4-6　灌木与石材表现（2）

图 2-4-7　不同形态的灌木结合

图 2-4-8　室外整体环境中的乔、灌木

图 2-4-9　乔、灌木表现步骤（1）

图 2-4-10　乔、灌木表现步骤（2）

2.4.3　棕榈科植物的表现

棕榈科植物大都属于乔木。因其在南方景观中较常出现，故单独加以说明。

直立性棕榈植物的叶片多聚生茎顶，形成独特的树冠，一般每长出一片新叶，就会有一片老叶自然脱落或枯干，其绘制步骤如下。

① 根据生长形态把基本骨架勾画出来，根据骨架的生长规律刻画植物叶片的详细形态。

② 用浅绿色铺设整体色彩，顶端与受光面的叶片比较亮，背光面与暗面的叶片用比较深的墨绿或者橄榄绿来强调。

③ 刻画时要多考虑叶片的前后关系、受光面与背光面的关系，最后适当添加重色以加强明暗对比（图 2-4-11 ～图 2-4-14）。

图 2-4-11　棕榈科植物表现（1）

图 2-4-12　棕榈科植物表现（2）

图 2-4-13　棕榈科植物表现（3）

图 2-4-14　棕榈科植物表现（4）

2.4.4　植物平面手绘图例

植物平面手绘图例如图 2-4-15、图 2-4-16 所示。

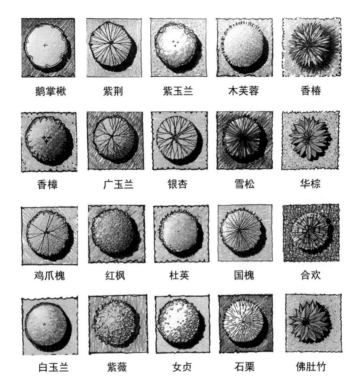

鹅掌楸	紫荆	紫玉兰	木芙蓉	香椿
香樟	广玉兰	银杏	雪松	华棕
鸡爪槐	红枫	杜英	国槐	合欢
白玉兰	紫薇	女贞	石栗	佛肚竹

图 2-4-15　植物平面手绘表现实例（1）

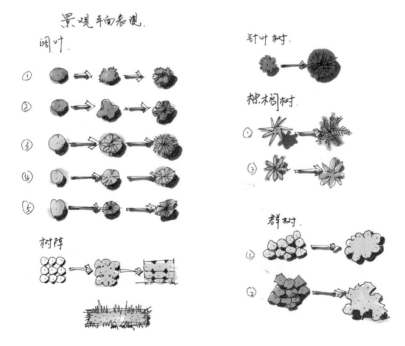

图 2-4-16　植物平面手绘表现实例（2）

2.4.5 景观植物组合表现

景观组合练习一如图 2-4-17～图 2-4-20 所示。

图 2-4-17　步骤一

图 2-4-18　步骤二

图 2-4-19　步骤三

图 2-4-20　步骤四

景观组合练习二如图 2-4-21 ～图 2-4-24 所示。

图 2-4-21　步骤一

图 2-4-22　步骤二

图 2-4-23　步骤三

图 2-4-24　步骤四

景观组合练习三如图 2-4-25～图 2-4-27 所示。

图 2-4-25　步骤一

图 2-4-26　步骤二

图 2-4-27 步骤三

▌2.5 景观配景的表现

2.5.1 水景的表现

　　水景是园林景观表现的重要部分。水景在园林景观中的运用主要是利用水的流动性贯通整个空间。画水就要画出它的特质，画其中的倒影，画出微波粼粼的感觉。水体的表现主要指水面的表现，通常水面由于受到日光的影响而呈现蓝色。同时，水有静水和动水之分，动水又有波纹水面等水平动水和瀑布、跌水等垂直动水之分。

　　静水是指相对静止不动的水面，水明如镜，可见清晰的倒影。表现静水宜用平行直线或小波纹线，线条要有疏密断续的虚实变化，以表现水面的空间感和光影效果。

　　水平动水是静止的水平面由于风等外力的作用而形成的微波起伏。表现动水平面多用波形或锯齿形线，也可利用装饰性线条或图案。

　　瀑布和跌水等要表现的是垂直动水，宜用垂直直线或弧线表现。表现瀑布和跌水需注意其与背景的关系，做到虚实、简繁相互衬托。

　　水是无形的，表现水的形就要表现水的载体和周边的环境，水纹的多少表现了水流的急与缓（图 2-5-1 ～图 2-5-3）。

图 2-5-1　自然水体手绘表现

图 2-5-2　场景水体手绘表现

图 2-5-3　景观水体手绘表现

2.5.2　人物配景的表现

　　一般来说，景观手绘表现图中的人物身长比例为8～10个头长，这样看上去较为利落、秀气。在画远处的人物时，可先从头开始，依次对头部、上肢、躯干、下肢四个部分逐个进行刻画，着眼于重大的关系与姿态，用笔干净利落，不必细化；近处人物可以表现得清晰一点（图2-5-4、图2-5-5）。

图 2-5-4　手绘人物比例关系

图 2-5-5　动态各异的人物表现

对于人物配景，不同类型、款式和色彩的服饰，可以标示出人的不同年龄段和层次。

① 前卫的年轻人：衣着大胆时尚，刻画时用笔要硬朗，上衣比例要短，适用的场景较多。

② 成功人士：一般身着西装，与皮箱、公文包搭配出场，表现时体态较宽胖，多应用于办公楼、学校、街景等场景中。

③ 标准的老年人：拄拐杖、驼背、裤腿宽肥、两腿间距较宽，身旁常跟着小孩子，以增加其形象的生动性，多用于小区景观等场景表现。

④ 少女：体态修长、腰细腿长、马尾轻摆，一般刻画为淑女或摩登女。

2.5.3 交通工具的表现

设计图的目的在于表现出设计意图。通过交通工具配景来表现场景的氛围非常重要，因为整体氛围的繁华或者清幽都离不开这些配景的表现。其表现要点如下（图 2-5-6、图 2-5-7）。

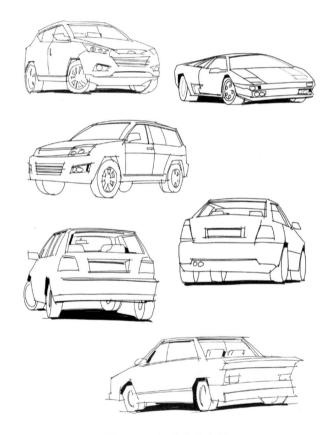

图 2-5-6 单线车体表现

① 注意交通工具与环境、建筑物、人物的比例关系，增强真实感。

② 画车时，以车轮直径的比例来确定车身的长度及整体比例关系，根据画面要求设计车身色彩。由于车身有反光能力，因此应用笔触处理出简单变化，以表现对周围景色的反射效果。

③车的窗框、车灯、车门缝、把手以及倒影都要有所交代。

图 2-5-7　马克笔着色表现

2.5.4　天空的表现

天空经常呈渐变的颜色，其中，地平线附近的颜色较浅，越到天顶越显得蓝。此外，适当勾画一下云朵的感觉即可（图 2-5-8 ～图 2-5-10）。

图 2-5-8　天空的表现（1）

图 2-5-9　天空的表现（2）

图 2-5-10　天空的表现（3）

3 透视原理及构图法则

手绘图是设计师设计素养和绘画基础能力的综合体现，并不只是想到就能画出，而是需要长期多方面的基础训练才能表现出来。手绘图离不开透视，只有借助于透视，才能制造出空间上的视觉真实感，再现设计构想，形成强有力的语言说服力。

3.1 透视原理与视点的选择

所有的手绘图透视都遵循近大远小的规律，由于受到空气中的尘埃和水汽等物质的影响，物体的明暗和色彩效果会有所改变，随着距离的变大，清晰度降低，产生模糊感，形成近实远虚的效果，因此，利用透视规律，对近处的物体以清晰的光影质感表现，远处的物体则减少明暗色彩的对比和细节刻画，可以达到增加空间透视的效果。如果违背了透视原理及其规律，画面效果将会有失真实的视觉美感，因此景观手绘效果图表现必须建立在严谨的空间透视关系基础之上。在景观手绘表现中，空间透视通常有以下两种方式。

3.1.1 一点透视

在景观效果图表现中，一点透视是最基本的透视表现方法，运用较为广泛。一点透视给人平衡稳定的感觉，适合表现安静、进深感强的空间，同时一点透视易于学习与掌握，初学者只要控制好进深和比例关系就能够快速地掌握一点透视。一点透视的基本特征如下。

① 物体的一个面与画面平行。

② 画面只有一个消失点。

③ 空间产生的纵深感比较强。

④ 所有水平方向的线条保持水平，所有垂直方向的线条保持垂直（图 3-1-1 ～图 3-1-3）。

图 3-1-1　一点透视图构图（1）

图 3-1-2　一点透视图构图（2）

图 3-1-3　一点透视图构图（3）

3.1.2　两点透视

　　两点透视也称成角透视，也就是景观空间的主体与画面呈现一定角度，每个面中相互平行的线分别向两个方向消失，且产生两个消失点。与一点透视相比，两点透视更能够表现出空间的整体效果，是一种具有较强表现力的透视形式。两点透视有以下特点（图 3-1-4 ～图 3-1-6）。

图 3-1-4　两点透视构图表现（1）

图 3-1-5　两点透视构图表现（2）

图 3-1-6　两点透视构图表现（3）

① 所有物体的消失线向两边的余点处消失。

② 反映环境中构筑物的正侧两个面，易表现出体积感。

③ 有较强的明暗对比效果，富于变化。

④ 常应用于景观环境的表现中。

3.2 空间透视表现中的构图法则

　　构图直接决定了一幅作品的成败，因而要画好景观空间透视效果图需要了解基本的构图法则。构图讲究的是：均衡与对称、对比和集中（也叫视点）。每幅作品都有表达主题思想的主要对象——主体，其不仅是画面内容的中心，而且是画面的结构中心，通过宾体的对比，更利于显示主体的优势。以实体或假想的结构中心或对称轴构成布局，各对应部分之间便具有了互相对称和照应的关系，从而取得构图的稳定和协调（图 3-2-1～图 3-2-4）。

图 3-2-1　透视图空间实例（1）

图 3-2-2　透视图空间实例（2）

图 3-2-3 透视图空间实例（3）

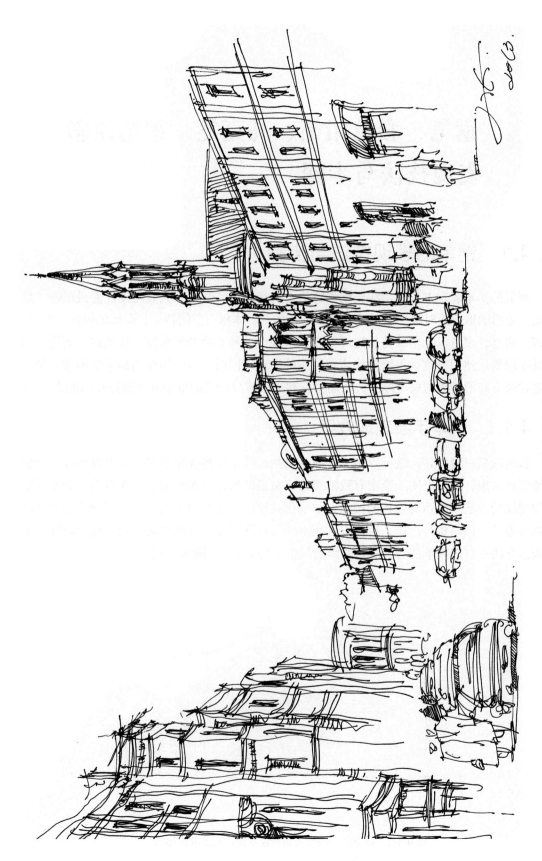

图 3-2-4 透视图空间实例（4）

4 钢笔、彩色铅笔、马克笔、钢笔淡彩表现技法与步骤

4.1 钢笔的表现技法与步骤

钢笔的基本表现方法是用线归纳景物形态的造型。实际上，只有用线才能最迅速、最简洁、最明确地表达对象，包括其基本形态、构造、体积与空间特征，而线的轻重、强弱、疏密、曲直、缓急以及用线的长短可以充分表现出各种景物的形象特征和质感。而使用钢笔画手绘要比使用铅笔画手绘更能体现线条的质感。同时，由于用钢笔画手绘不像铅笔，下笔时画不好的线能用橡皮擦掉，因而更有利于锻炼设计者的造型和果断用线的能力。

4.1.1 钢笔手绘表现效果

以线造型可简可繁，既可以用十分简练概括的线迅速地描绘景物，又可以用线十分精细地刻画对象，还可以用线疏密有致地塑造出对象的形体与光影关系。在钢笔风景速写中常用线描的方法来表达对景物的构想，如强化轮廓线来突显对象的形体，用细线来丰富和表达对象的内部结构与形体，也可以利用细线与粗线对比来加强空间变化。这种以线为主的表达方法可以造就单纯的、清晰的画面风格（图 4-1-1 ～图 4-1-5）。

图 4-1-1　简单概括的线条将所绘物体表现得淋漓尽致

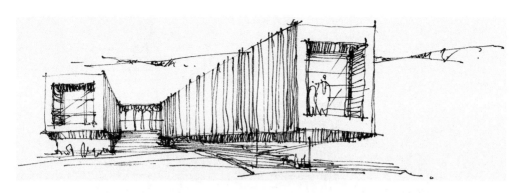

图 4-1-2　轻松而富有生命的线条

图 4-1-3　以线描的形式表现小场景

图 4-1-4　通过线条的疏密表达建筑阴影（1）

图 4-1-5　通过线条的疏密表达建筑阴影（2）

4.1.2　钢笔手绘步骤

具体步骤如图 4-1-6 ～图 4-1-8 所示。

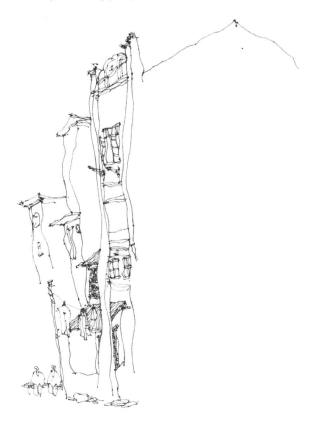

图 4-1-6　整体观察，意在笔先

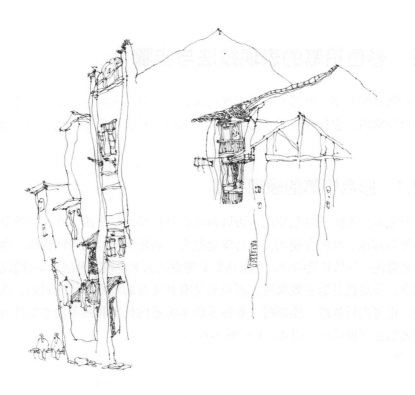

图 4-1-7　整体透视准确，继续刻画

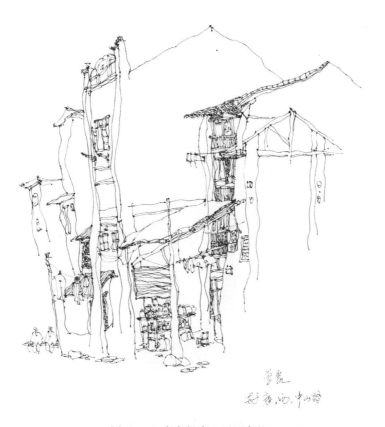

图 4-1-8　虚实得当，画面完整

4.2 彩色铅笔的表现技法与步骤

彩色铅笔携带方便，色彩丰富，表现快速，一般分为水溶性与非水溶性两种。其中，水溶性彩铅较常用，它具有溶于水的特点，与水混合具有浸润感，也可用手指擦抹出柔和的效果。

4.2.1 彩色铅笔的表现技法

彩色铅笔不宜大面积单色使用，否则画面会显得呆板、平淡。在实际绘制过程中，彩色铅笔往往与其他工具配合使用，如与钢笔结合，利用钢笔勾画空间轮廓、物体轮廓，再用彩色铅笔着色；与马克笔结合，运用马克笔铺设画面大色调，再用彩铅叠彩法深入刻画；与水彩结合，体现色彩退晕效果等。彩色铅笔有其特有的笔触，用笔轻快，线条感强，可徒手绘制，也可用尺排线。绘制时，要注重虚实关系的处理和线条美感的体现，一般整幅图最好不要超过三种颜色（图 4-2-1 ～图 4-2-6）。

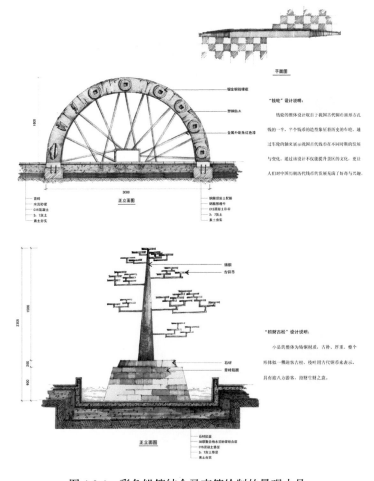

图 4-2-1 彩色铅笔结合马克笔绘制的景观小品

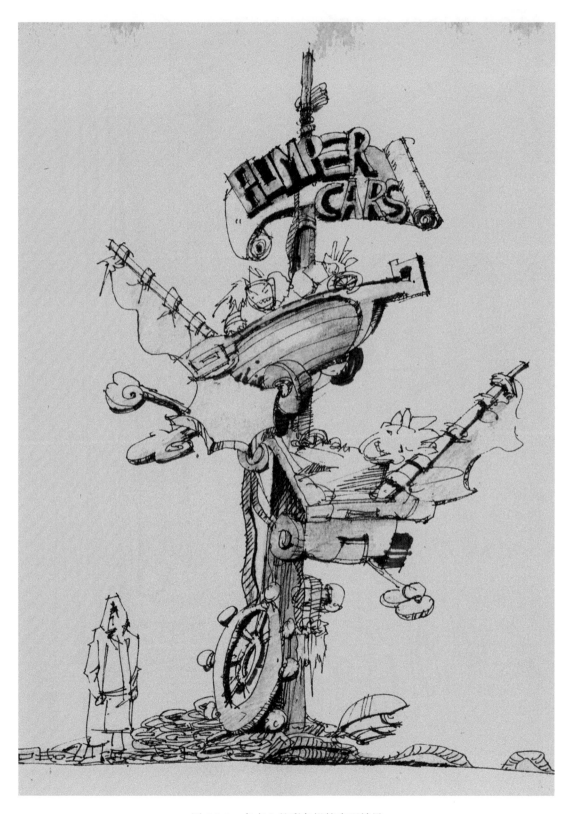

图 4-2-2　色卡上的彩色铅笔表现效果

图 4-2-3　彩色铅笔在硫酸纸上的表现

图 4-2-4　彩色铅笔描绘的街景

图 4-2-5　彩色铅笔描绘的建筑

图 4-2-6　彩色铅笔描绘的雪景

4.2.2 马克笔与彩色铅笔的综合运用

马克笔和彩色铅笔相结合往往能使画面色彩更加丰富、层次更加分明（图4-2-7～图4-2-11）。

图4-2-7 马克笔与彩色铅笔相结合的表现（1）

图4-2-8 马克笔与彩色铅笔相结合的表现（2）

图 4-2-9　马克笔与彩色铅笔相结合的表现（3）

图 4-2-10　马克笔与彩色铅笔相结合的表现（4）

图 4-2-11　马克笔与彩色铅笔相结合的表现（5）

■ 4.3　马克笔的表现技法与步骤

4.3.1　马克笔

马克笔是各类专业手绘表现中最常用的画具之一，主要分为油性和水性两种。在练习阶段，一般选择价格相对便宜的油性马克笔。这类马克笔大约有 60 种颜色，还可以单支选购。购买时，根据个人情况最好储备 20 种以上，并以灰色调为首选，不要选择过多艳丽的颜色。要想熟练掌握马克笔技法，首先得对马克笔的特性与笔法有基本的了解。马克笔的色彩丰富、着色简便、笔触清晰、成图迅速，且颜色在干湿状态变化时会随之变化，表现力极强。其中常用不同色阶的灰色系列做色彩搭配。马克笔的笔尖一般分为粗细、方圆几种类型。绘制表现图时，可以通过灵活变换角度和倾斜度画出粗细不同效果的线条和笔触来（图 4-3-1）。

4.3.2　马克笔色彩的渐变与过渡

色彩逐渐变化的上色方法称为退晕，可以是色相的变化，可以是色彩明度的变化，也可以是饱和度的变化。世界上很少有物体是均匀着色的，直射光、放射光形成了随处可见的色彩过渡，色彩过渡使画面更加逼真动人，可以用于表现画面中的微妙对比（图 4-3-2、图 4-3-3）。回笔（即二次上色）的运用在马克笔表现中运用广泛，可在平涂中产生相应的变化。

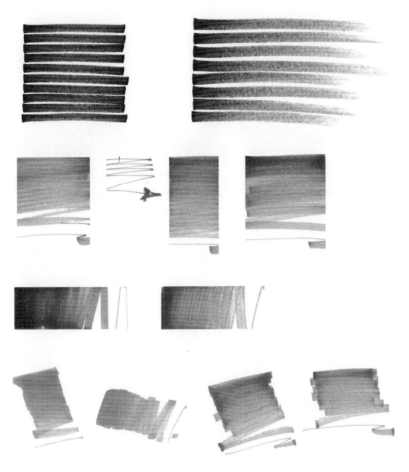

图 4-3-1　马克笔笔触效果

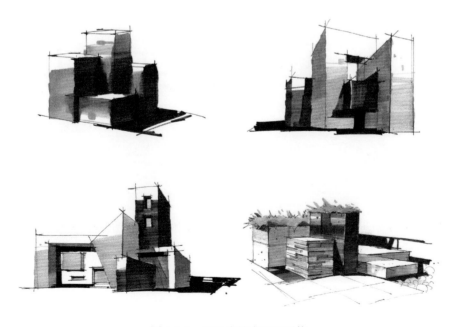

图 4-3-2　用马克笔来塑造形体

图 4-3-3 马克笔景观表现

4.3.3 马克笔景观表现的方法与步骤

案例一（图 4-3-4 ~ 图 4-3-7）

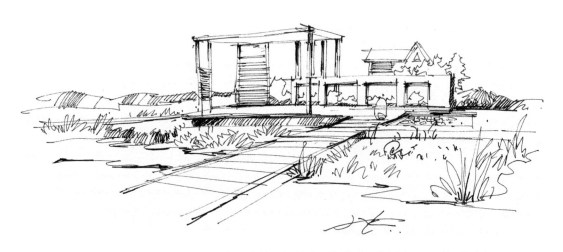

图 4-3-4 用针管笔勾勒出所要表现的景观场景（整体感强、构图合理、透视准确）

图 4-3-5　用 CG1 号马克笔上第一遍颜色，明确明暗关系

图 4-3-6　定准整体色调，明确受光部

图 4-3-7　构图完整，色调统一和谐

案例二（图 4-3-8～图 4-3-11）

图 4-3-8　用流畅简洁的线条勾勒出所要表现的景观场景

图 4-3-9　用 CG1 号马克笔上第一遍颜色，明确明暗关系

图 4-3-10　逐步开始对前景及背景植物上色

图 4-3-11　整体调整画面

案例三（图 4-3-12、图 4-3-13）

图 4-3-12　构图完整，画面生动

图 4-3-13　色彩和谐、统一

案例四（图 4-3-14、图 4-3-15）

图 4-3-14　画面近实远虚、生动活泼

图 4-3-15　以灰色系为主，加以些许的光源及环境色

4.4 钢笔淡彩的表现技法与步骤

钢笔淡彩在传统意义上指的是在钢笔线条的底稿上，施以水彩。水彩是手绘表现中最有代表性也是最常见的一种着色技法。水彩颜料色粒很细，遇水溶解可显示其晶莹透明的特性，把它一层层涂在白纸上，犹如透明的玻璃纸迭落之效果。如今，钢笔淡彩的范围已经被大大地拓展开了，这个"彩"可以是彩铅，可以是水粉，可以是马克笔，也可以是油画棒，只要是能在钢笔线条的底稿上和谐地运用色彩的丰富和微妙来表现物体的立体感、空间层次感，能充分营造画面氛围的方式，都可以大胆尝试。

4.4.1 钢笔淡彩的表现技法

钢笔淡彩的表现技法包括勾线上色法、上色勾线法两种。勾线上色法为常用技法，一般先用钢笔勾形，可适当体现明暗，但不宜过多，最后辅以淡彩着色。上色勾线法正好相反，先简单地施以淡彩，再进行钢笔勾形。

钢笔淡彩的绘制要注意物体的轮廓和空间界面转折的明暗关系，用线要流畅、生动，讲究疏密变化；着色时留白尤为重要，不要画得太满；色彩应洗练、明快，不易反复上色、来回涂抹；讲究笔触的应用，如摆、点、拖、扫等，以增强画面的表现效果；深色的地方要尽量一气呵成。

钢笔淡彩表现步骤如图 4-4-1～图 4-4-4 所示。

图 4-4-1　钢笔淡彩对钢笔线稿要求不高，将该景物的大致感觉表达出来即可

图 4-4-2　施以简单的颜色，通过冷暖色将建筑与水面得以表达

图 4-4-3　整体的明暗与冷暖色调表现完成

图 4-4-4　局部调整，使整体和谐统一

4.4.2　钢笔淡彩整体表现实例

具体如图 4-4-5 ～图 4-4-13 所示。

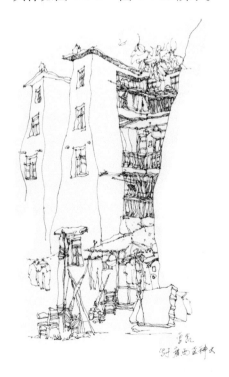

图 4-4-5　建筑线稿

图 4-4-6　施以淡彩后效果

图 4-4-7 钢笔淡彩整体表现（1）

图 4-4-8 钢笔淡彩整体表现（2）

图4-4-9 钢笔淡彩整体表现（3）

图 4-4-10 钢笔淡彩整体表现（4）

图 4-4-11　钢笔淡彩整体表现（5）

图 4-4-12　钢笔淡彩整体表现（6）

图 4-4-13 钢笔淡彩整体表现（7）

5 景观方案整体设计与表现

5.1 别墅庭院景观设计与方案解析

　　"人"是景观的使用者，因此别墅庭院景观方案的设计首先要坚持人居环境的舒适性原则，做好总体的规划，在有限的空间创造出符合居民需求的环境，为其提供可居、可憩又易于沟通的私家庭院（图 5-1-1～图 5-1-6）。

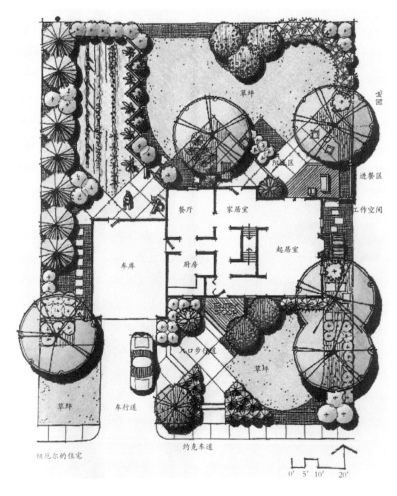

图 5-1-1　开敞的公共空间与半私密空间有效结合，使整个庭院更加富有层次

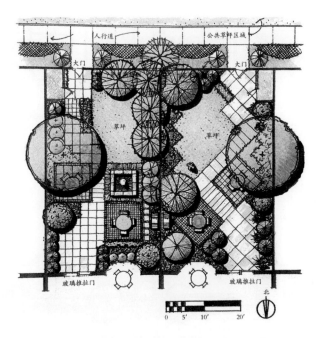

图 5-1-2　不同的空间划分给人们不一样的视觉景观

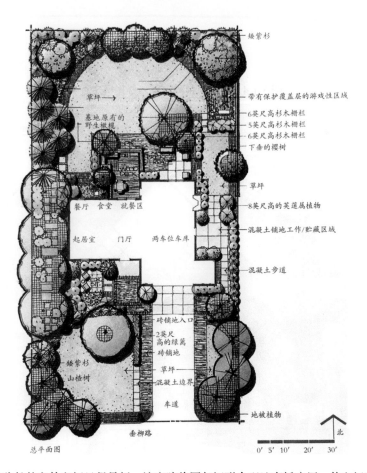

图 5-1-3　纵向较狭长的室外空间显得呆板，该庭院将圆与矩形合理地穿插应用，使空间更加丰富、多变

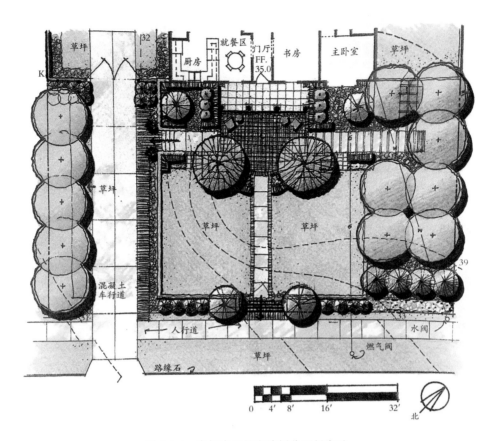

图 5-1-4　中规中矩的庭院划分显得庄重

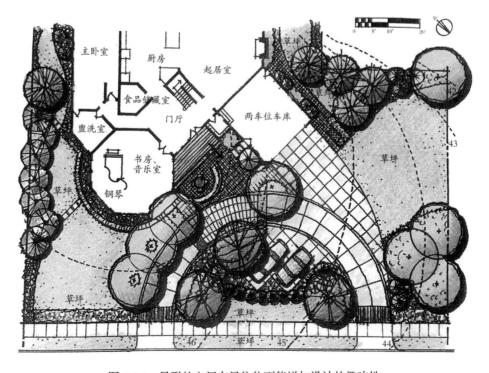

图 5-1-5　异形的空间布局往往更能增加设计的趣味性

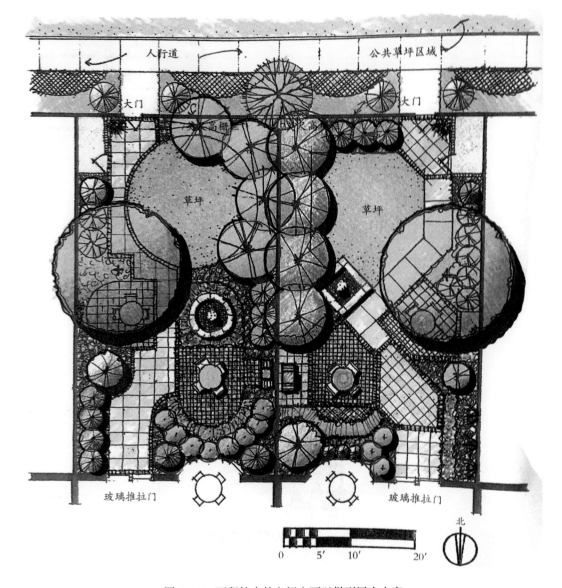

图 5-1-6 面积较小的空间也可以做到层次丰富

5.2 居住区景观设计与方案解析

项目一 凯越华庭居住区景观规划设计

该住宅项目位于深圳坂田，在设计上，小区车行道主要采用曲线与直线相结合、双侧植行道树的方式，并设置单侧人行道，人行道与路面之间有绿化带相隔，以起到良好的视线与噪音阻隔作用。开敞的主入口有效地解决了人车分流问题，使主入口不再是一个孤立的面，而是一个区域，加强了领域感（图 5-2-1～图 5-2-7）。

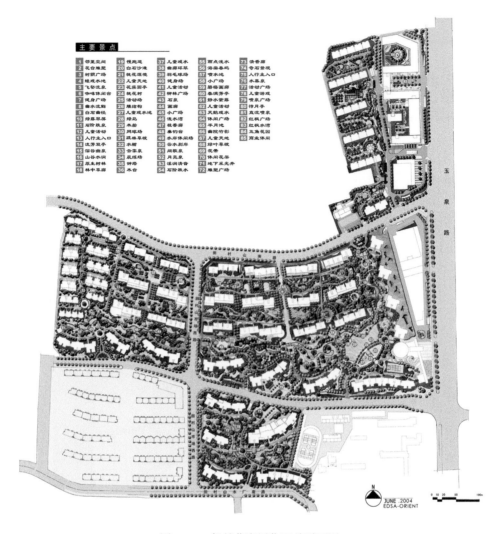

图 5-2-1　凯越华庭居住区总平面图

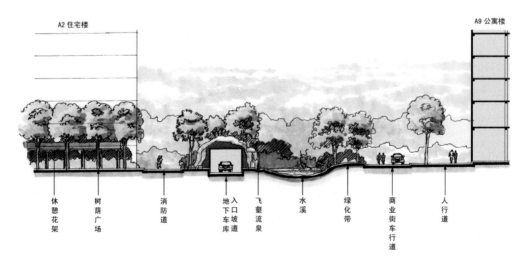

图 5-2-2　A2 住宅楼前景观立面

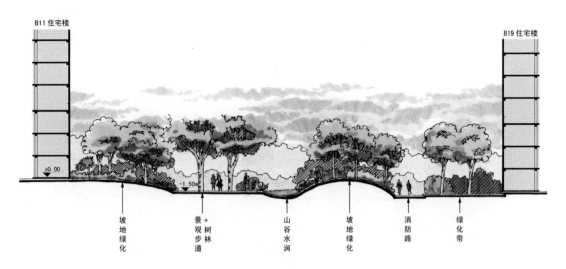

图 5-2-3 B11 住宅楼前景观立面

图 5-2-4 凯越华庭居住区景观效果图（1）

图 5-2-5　凯越华庭居住区景观效果图（2）

图 5-2-6　凯越华庭居住区景观效果图（3）

图 5-2-7　凯越华庭居住区景观效果图（4）

项目二　华洲城居住区景观规划设计

本项目旨在打造居住佳、观景佳、服务佳的一流高端社区，将艺术元素与小区景观相融合，从而在现代居住环境中，创造艺术的生活模式。在设计上，充分体现并强化建筑的定位与特色，结合规划布局，巧妙处理外围交通及内部观景道路的连接方式，使空间布局既简洁流畅，又富于人性尺度。强化处理界面空间，对主要景观界面进行开放性处理，将城市视线引向本小区的个性化建筑及内部空间；对景观城市界面则软化处理，以软景设计突出其空间上的节奏感，对车行道路，主要以流畅韵律的软景及小品设计体现出小区规划的音乐美，对小区人行界面，则在大空间处理统一完整的前提下，进行细腻的空间变化，达到亲切怡人的效果（图 5-2-8 ～图 5-2-11）。

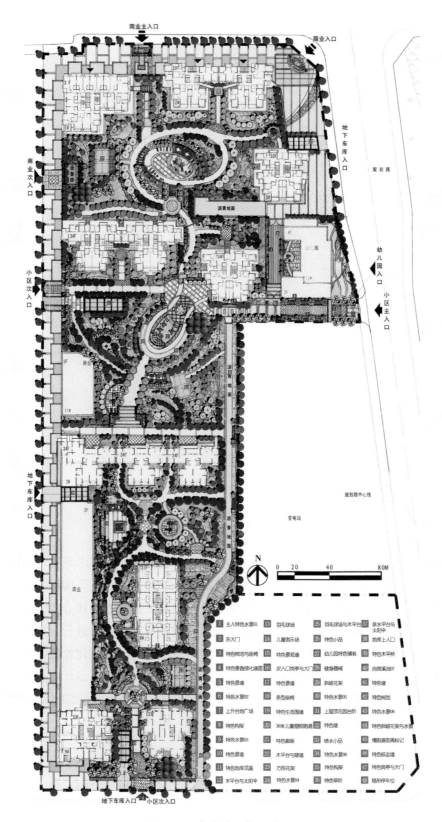

商业主入口 商业入口

商业次入口

小区次入口

地下车库入口

地下车库入口 小区次入口

规划路

地下车库入口

幼儿园入口 小区主入口

规划路中心线

变电站

N

0 20 40 80M

1 主入特色水景01	13 羽毛球场	25 羽毛球场与木平台	37 亲水平台与太阳伞
2 东大门	14 儿童游乐场	26 特色小品	38 地库入口
3 特色树地与座椅	15 特色景观墙	27 幼儿园特色铺装	39 特色木平桥
4 特色垂直绿化墙面	16 次入口岗亭与大门	28 健身器械	40 自然溪加07
5 特色景墙	17 特色景墙	29 斜坡花架	41 特色墙
6 特色水景02	18 条型座椅	30 特色水景05	42 特色树地
7 上升台地广场	19 特色生态园墙	31 上屋顶花园台阶	43 特色水景08
8 特色构架	20 30米儿童塑胶跑道	32 特色墙	44 特色斜坡花架与水景
9 特色水景03	21 特色廊架	33 喷水小品	45 慢跑道距离标记
10 特色景墙	22 木平台与矮墙	34 特色水景06	46 特色标志墙
11 特色地库顶盖	23 方形花架	35 特色构架	47 特色岗亭与大门
12 木平台与太阳伞	24 特色水景04	36 特色草地07	48 隐形停车位

图 5-2-8 华洲城居住区总平面图

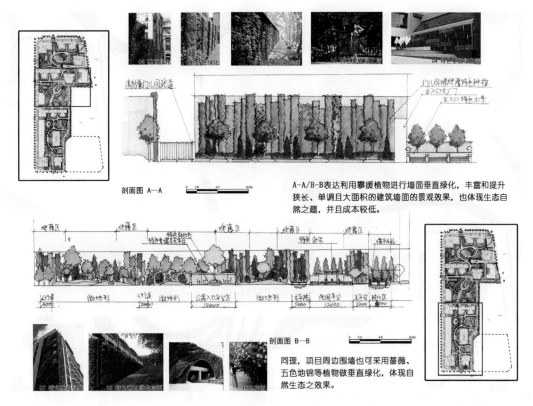

剖面图 A—A

A-A/B-B表达利用攀援植物进行墙面垂直绿化，丰富和提升狭长、单调且大面积的建筑墙面的景观效果，也体现生态自然之题，并且成本较低。

剖面图 B—B

同理，项目周边围墙也可采用蔷薇、五色地锦等植物做垂直绿化，体现自然生态之效果。

图 5-2-9　华洲城居住区主景区立面分析

图 5-2-10　华洲城居住区入口效果图

图 5-2-11　华洲城居住区休闲观景平台效果图

项目三　环港艺术花园城居住区景观规划设计

环港艺术花园城位于陕西省高新区，旨在打造具备阳光、绿色、文化及优质的生活环境，要求把景观绿化当做室内主题设计来做，务必使各个户外空间有合理的功能及主题特色，从而塑造自然与人文对话、理性与感性并存、科技与艺术交融的生活舞台。设计中着重开放空间的整合与串联，以创造休闲社交的场所，并力图通过对居住环境归属感的提升与累积，达到小区永续经营的目标（图 5-2-12 ～图 5-2-15）。

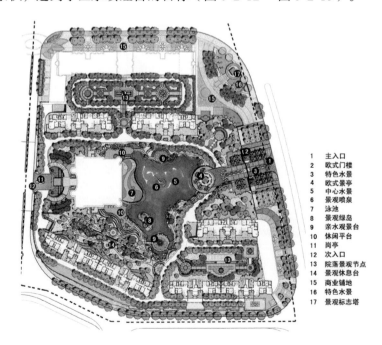

1　主入口
2　欧式门楼
3　特色水景
4　欧式景亭
5　中心水景
6　景观喷泉
7　泳池
8　景观绿岛
9　亲水观景台
10　休闲平台
11　岗亭
12　次入口
13　院落景观节点
14　景观休息台
15　商业铺地
16　特色水景
17　景观标志塔

图 5-2-12　环港艺术花园城居住区总平面图

图 5-2-13　环港艺术花园城中心广场景观效果图

图 5-2-14　环港艺术花园城瀑布广场效果图

图 5-2-15　环港艺术花园城跌水景观效果图

5.3 酒店景观设计与方案解析

  香格里拉大酒店景观设计在主题上将现代性与高雅性紧密集合，简洁、素雅、规则且大面积连续的花岗岩铺装，高大的棕榈树阵，溪水景观等设计元素构思独特，造型精致、新颖，特别是建筑外立面采用通透的玻璃与块石做材料，有很强的艺术感。整体景观与建筑完美统一，达到了塑造"现代景观"的总体设计意图（图 5-3-1～图 5-3-6）。

CONCEPT PLAN LEGEND
① MANICURED LAWN 草坪
② PLANTER 种植池
③ WATER FEATURE AT STEPS 叠水喷泉
④ FOUNTAIN 喷泉
⑤ LOBBY TERRACE 大厅露台
⑥ CASCADE 叠水瀑布
⑦ GRAND 广场
⑧ EXISTING PAVILION 亭子
⑨ STAFF PAVILION 售卖亭
⑩ LANDSCAPING AT BUILDING 景观植栽
⑪ WEDDING GAZEBO 婚宴凉亭
⑫ EXISTING WATERWAY 现状水文
⑬ ROAD 庭院小路
⑭ COFFEE CAFE 临水咖啡厅
⑮ EXISTING WALL 现状围墙
⑯ INDOOR TENNIS FACILITY 室内网球场
⑰ COFFEE GARDEN CAFE 花园咖啡厅
⑱ LOBBY LOUNGE 酒店大堂
⑲ EXISTING PEDESTRIAN BRIDGE 现状步行桥
⑳ FIRE TRUCK ACCESS 防火通道
㉑ BRIDGE 鹊桥

图 5-3-1 香格里拉大酒店景观总平面图

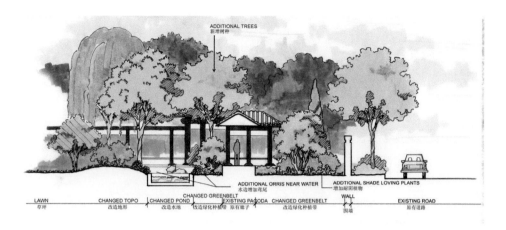

图 5-3-2　香格里拉大酒店连廊步道景观立面图

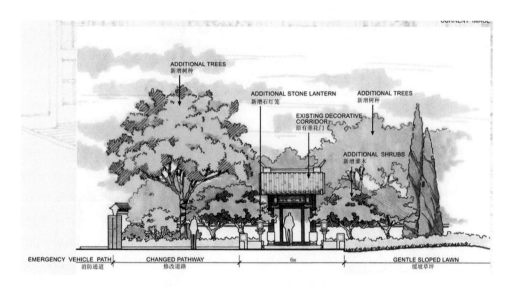

图 5-3-3　香格里拉大酒店豫园景观立面图

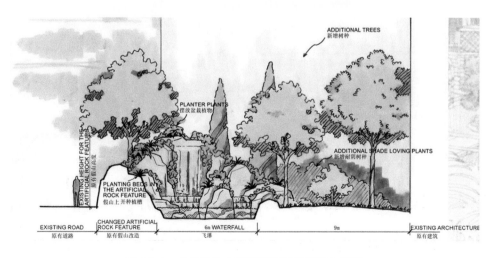

图 5-3-4　香格里拉大酒店叠石飞瀑景观立面图

图 5-3-5　香格里拉大酒店鹊桥叠水区景观效果图

图 5-3-6　香格里拉大酒店阳光草坪景观效果图

■5.4　主题性商业广场设计与方案解析

甘肃美林商业广场设计遵循的设计理念是，尊重土地、尊重文脉，满足高新区民众购物、商务办公、休闲娱乐等生活的多重需要（图 5-4-1～图 5-4-5）。

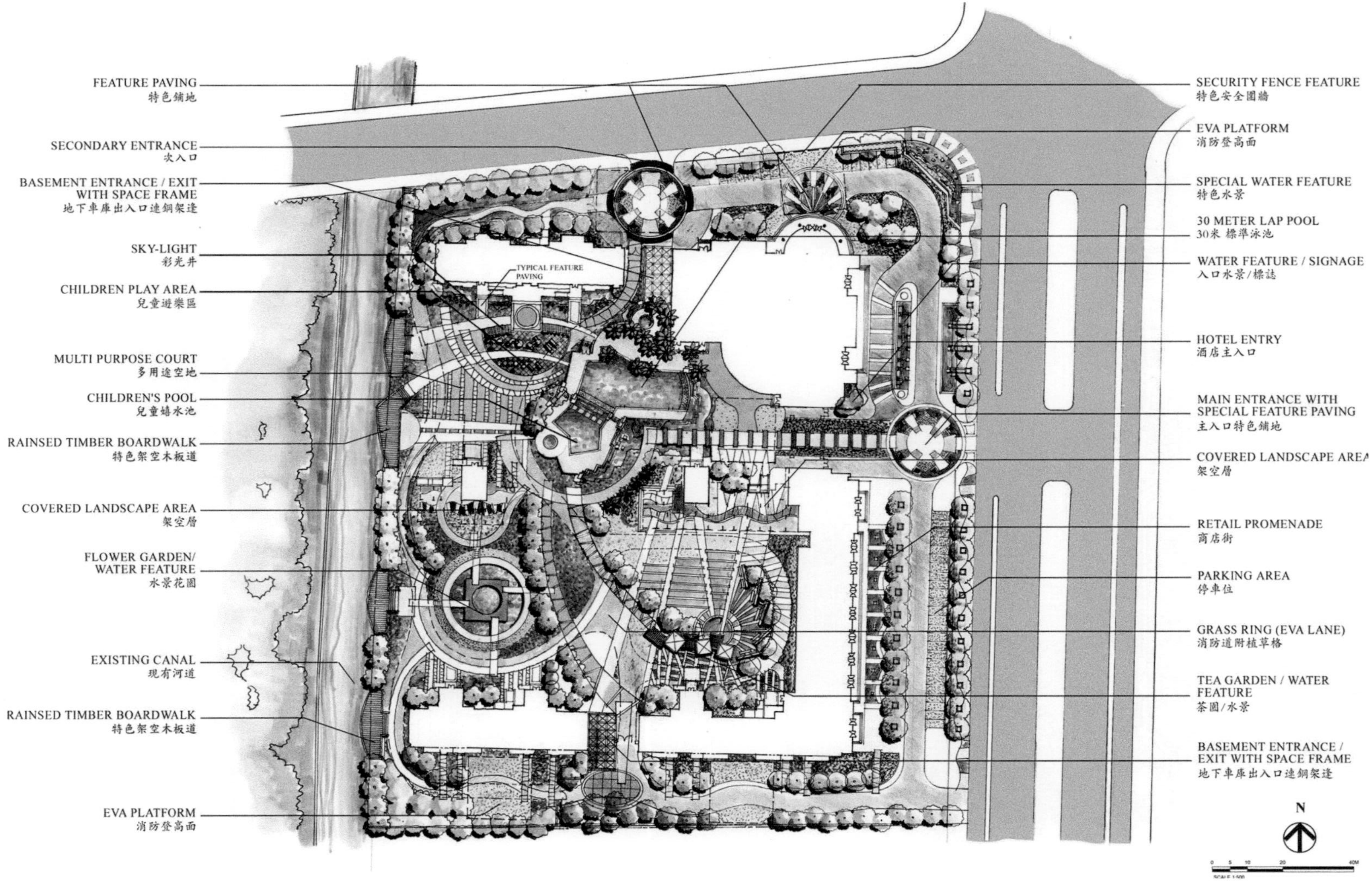
FEATURE PAVING
特色鋪地
SECONDARY ENTRANCE
次入口
BASEMENT ENTRANCE / EXIT WITH SPACE FRAME
地下車庫出入口連鋼架達
SKY-LIGHT
彩光井
CHILDREN PLAY AREA
兒童遊樂區
MULTI PURPOSE COURT
多用途空地
CHILDREN'S POOL
兒童嬉水池
RAINSED TIMBER BOARDWALK
特色架空木板道
COVERED LANDSCAPE AREA
架空層
FLOWER GARDEN/ WATER FEATURE
水景花園
EXISTING CANAL
現有河道
RAINSED TIMBER BOARDWALK
特色架空木板道
EVA PLATFORM
消防登高面
TYPICAL FEATURE PAVING
SECURITY FENCE FEATURE
特色安全圍牆
EVA PLATFORM
消防登高面
SPECIAL WATER FEATURE
特色水景
30 METER LAP POOL
30米 標準泳池
WATER FEATURE / SIGNAGE
入口水景/標誌
HOTEL ENTRY
酒店主入口
MAIN ENTRANCE WITH SPECIAL FEATURE PAVING
主入口特色鋪地
COVERED LANDSCAPE AREA
架空層
RETAIL PROMENADE
商店街
PARKING AREA
停車位
GRASS RING (EVA LANE)
消防道附植草格
TEA GARDEN / WATER FEATURE
茶園/水景
BASEMENT ENTRANCE / EXIT WITH SPACE FRAME
地下車庫出入口連鋼架達
N
0 5 10 20 40M

图 5-4-1 甘肃美林商业广场总平面图

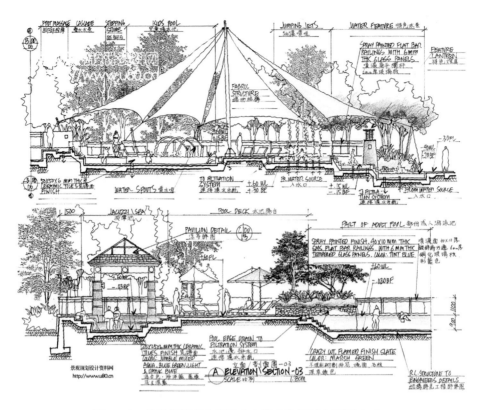

图 5-4-2　甘肃美林商业广场中心综合休闲区立面图（1）

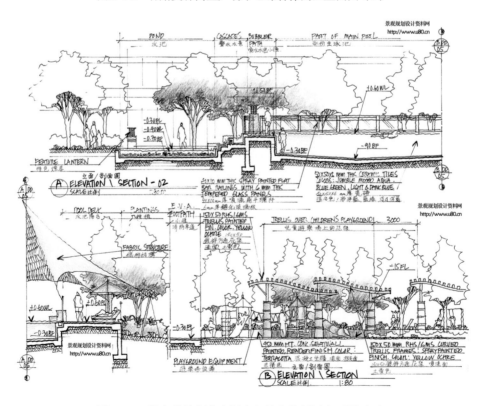

图 5-4-3　甘肃美林商业广场中心综合休闲区立面图（2）

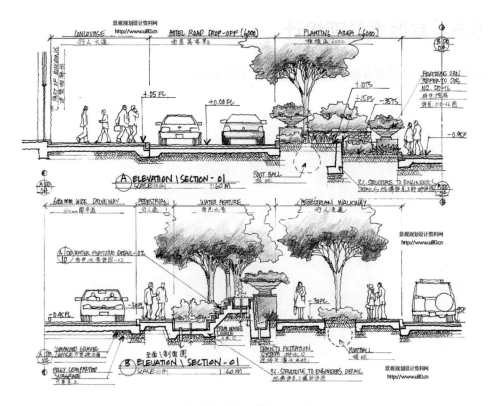

图 5-4-4　甘肃美林商业广场游步道立面图

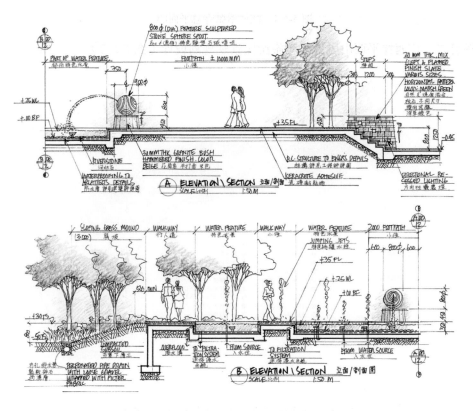

图 5-4-5　甘肃美林商业广场观景步道立面图

5.5 其他类景观设计

项目一 陕西翠微寺整体景观规划设计（图 5-5-1）

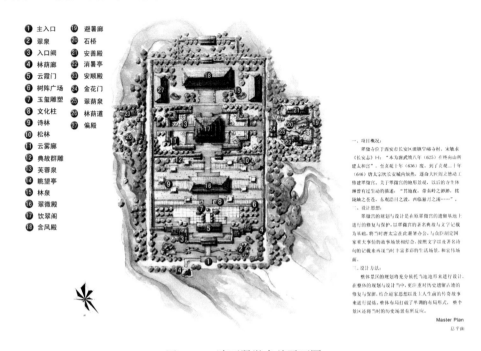

① 主入口　⑲ 避暑廊
② 翠泉　　⑳ 石桥
③ 入口阙　㉑ 安善殿
④ 林荫廊　㉒ 消暑亭
⑤ 云霞门　㉓ 安顺殿
⑥ 树阵广场　㉔ 金花门
⑦ 玉玺雕塑　㉕ 翠荫泉
⑧ 文化柱　㉖ 林荫道
⑨ 诗林　　㉗ 偏殿
⑩ 松林
⑪ 云雾廊
⑫ 典故群雕
⑬ 芙蓉阁
⑭ 眺望亭
⑮ 林泉
⑯ 翠微殿
⑰ 饮翠阁
⑱ 含风殿

一、项目概况：
翠微寺位于西安市长安区滦镇皇峪寺村。宋敏求《长安志》中："本为唐武德八年（625）在终南山所建太和宫"。至贞观十年（636）废。到了贞观二十年（646）唐太宗怀长安城内燠热，遂命大匠阎立德动工修建翠微宫。关于翠微宫的地形景观，以后的寺主体曾有过生动的描述："其地夜，带秦岭之涵游，挖陵越之苍苍，东观浐川之渡，西临祖刀之涌……"。
二、设计思想：
翠微宫的规划与设计是在原翠微宫的遗留基地上进行的修复与保护，以翠微宫的著名典故与文字记载为基础，将当时唐太宗在此避暑办公，与众臣制定国家重大事情的故事场景相结合，按照文字以及著名诗句的记载来再现当时丰富多彩的生活场景，和宏伟壮曲。
三、设计方法：
整体景区的规划将充分依托当地地形来进行设计。在整体的规划与设计当中，更注重对历史遗留古迹的修复与保留，结合道家思想以及主人生前的传奇故事来进行提炼，整体布局打破了单调的布局风式，整个景区还将当时的历史景有所反应。

Master Plan
总平面

图 5-5-1　陕西翠微寺总平面图

项目二 广西桂平西山风景名胜旅游区景观规划设计（图 5-5-2）

主要经济技术指标一览表

项目	计量单位	数值
规划总用地面积	ha	3.06
建筑总面积	m²	1500
绿化总面积	m²	3800
拆迁总户数	户	12
容积率		0.05
建筑密度	%	3
绿地率	%	12
停车位	辆	190

① 景区广场入口　⑪ 亲水木平台
② 入口景观柱　　⑫ 观景木平台
③ 林荫树阵　　　⑬ 休闲亲水平台
④ 特色铺装　　　⑭ 休闲童座
⑤ 休闲平台　　　⑮ 滨水茶楼
⑥ 休闲童凳　　　⑯ 生态停车场（主入口）
⑦ 树列景观　　　⑰ 生态停车场（次入口）
⑧ 休闲广场　　　⑱ 主景区入口大门
⑨ 健身广场　　　⑲ 特色植物带
⑩ 木栈道

图 5-5-2　广西桂平西山风景名胜旅游区总平面图

项目三　广西防城港市西湾生态型海岸整治示范工程（图5-5-3～图5-5-14）

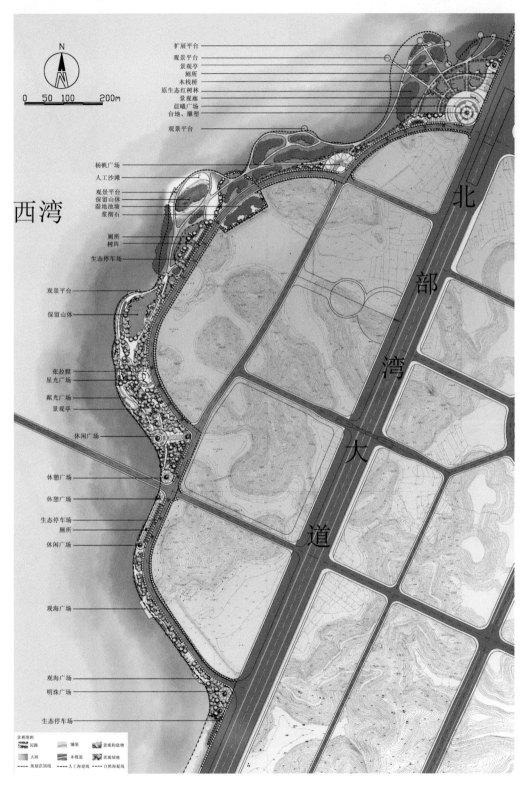

图 5-5-3　广西防城港市西湾区总平面图

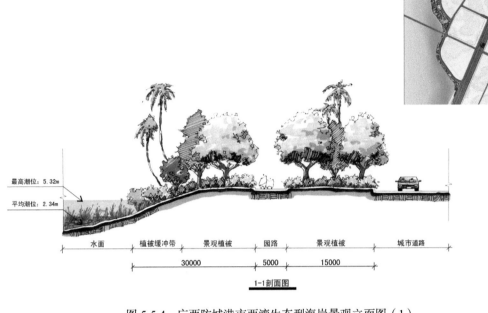

最高潮位：5.32m

平均潮位：2.34m

| 水面 | 植被缓冲带 | 景观植被 | 园路 | 景观植被 | 城市道路 |

30000　　　　5000　　　　15000

1-1剖面图

01

图 5-5-4　广西防城港市西湾生态型海岸景观立面图（1）

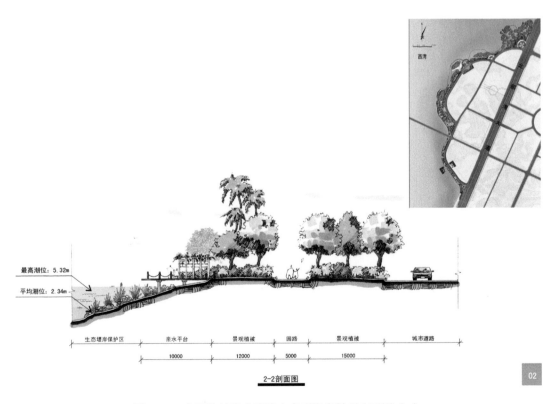

最高潮位：5.32m

平均潮位：2.34m

| 生态堤岸保护区 | 亲水平台 | 景观植被 | 园路 | 景观植被 | 城市道路 |

10000　　12000　　5000　　　15000

2-2剖面图

02

图 5-5-5　广西防城港市西湾生态型海岸景观立面图（2）

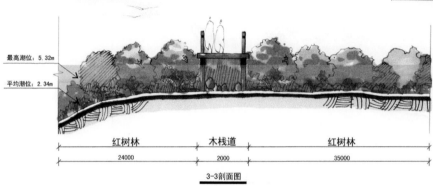

红树林　　　木栈道　　　　红树林

24000　　　2000　　　　35000

3-3剖面图

图 5-5-6　广西防城港市西湾生态型海岸景观立面图（3）

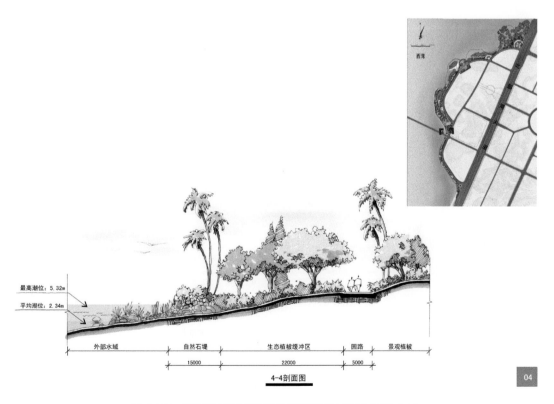

外部水域　　自然石堤　　生态植被缓冲区　　园路　　景观植被

15000　　　22000　　　5000

4-4剖面图

图 5-5-7　广西防城港市西湾生态型海岸景观立面图（4）

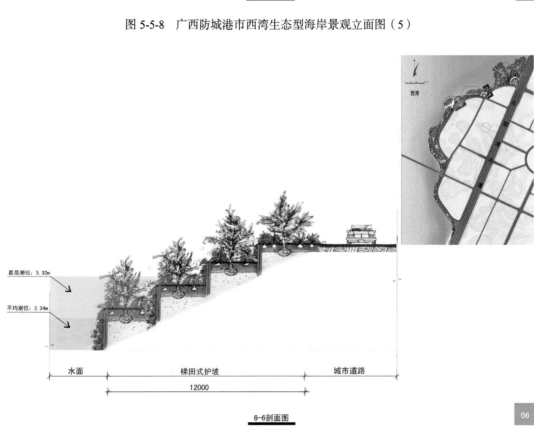

最高潮位：5.32m

平均潮位：2.34m

水面　　　　自然植被缓坡　　　木栈道　　　保留山体

12000　　　2000

5-5剖面图

图 5-5-8　广西防城港市西湾生态型海岸景观立面图（5）

最高潮位：5.32m

平均潮位：2.34m

水面　　　　梯田式护坡　　　　城市道路

12000

6-6剖面图

图 5-5-9　广西防城港市西湾生态型海岸景观立面图（6）

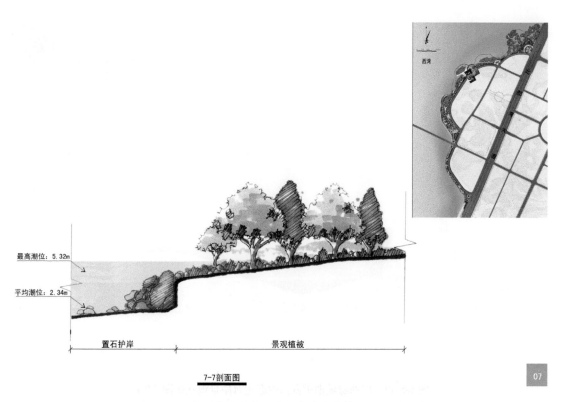

最高潮位: 5.32m

平均潮位: 2.34m

置石护岸　　　　　　景观植被

7-7剖面图

图 5-5-10　广西防城港市西湾生态型海岸景观立面图（7）

最高潮位: 5.32m

平均潮位: 2.34m

水面　　　浅坝　　　淤泥滩　　城市道路　　淤泥滩

20000　　42000　　20000　　38000

8-8剖面图

图 5-5-11　广西防城港市西湾生态型海岸景观立面图（8）

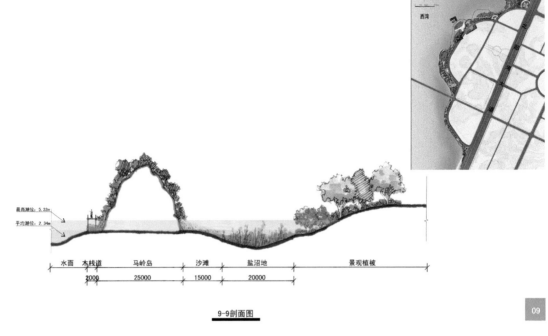

9-9剖面图

图 5-5-12 广西防城港市西湾生态型海岸景观立面图（9）

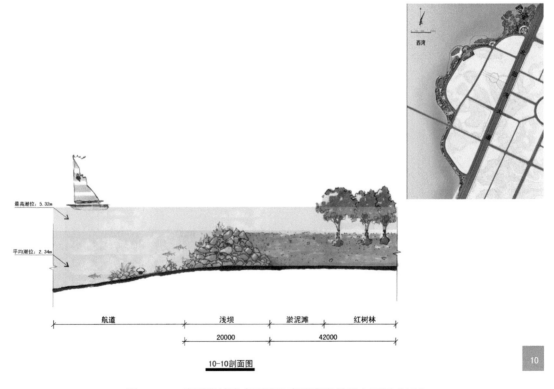

10-10剖面图

图 5-5-13 广西防城港市西湾生态型海岸景观立面图（10）

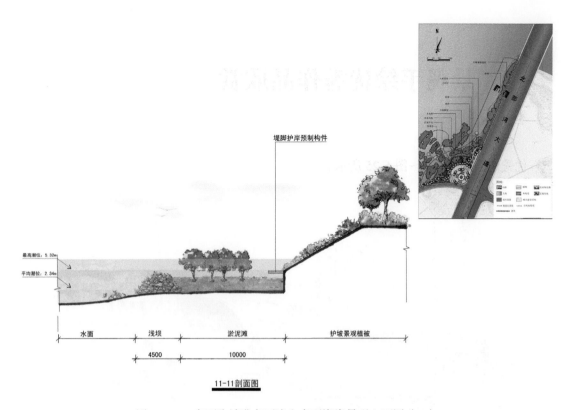

堤脚护岸预制构件

最高潮位: 5.32m
平均潮位: 2.34m

| 水面 | 浅坝 | 淤泥滩 | 护坡景观植被 |

4500　　　　10000

11-11剖面图

图 5-5-14　广西防城港市西湾生态型海岸景观立面图（11）

6 景观手绘优秀作品欣赏

优秀作品如图 6-1 ～图 6-25 所示。

图 6-1　画面中的疏密结合与黑白对比往往能使该手绘作品更加生动、活泼

图 6-2　作品有效地诠释了远景与近景的取舍关系

图 6-3 短时间内的手绘图要更加注重物体本身的特点

图 6-4 将不同材质的特性表现得淋漓尽致

图 6-5　快速而准确地将设计意图得以表达

图 6-6　画面笔触轻松自如，主题明确

图 6-7　画面整体结构合理、色调统一，设计意图得以准确表现

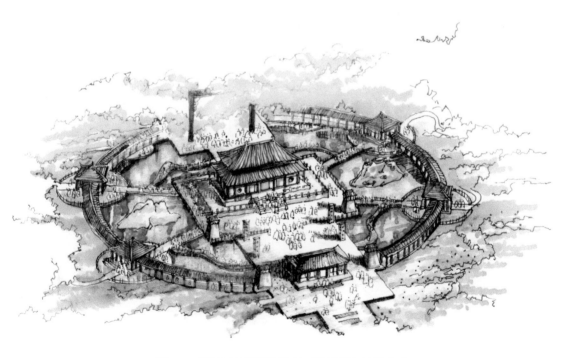

图 6-8　通过远处俯视将该景区设计得以整体表现

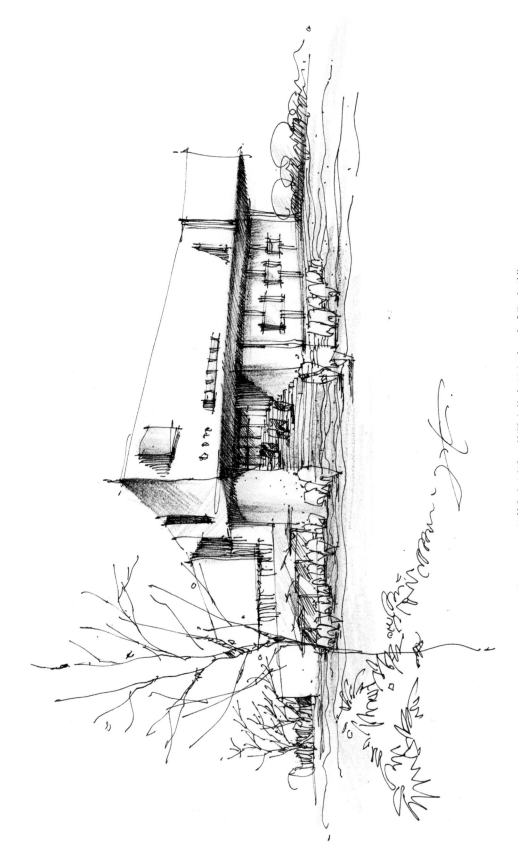

图 6-9 画面整体轻松活泼，前景人物表现生动，光感塑造到位

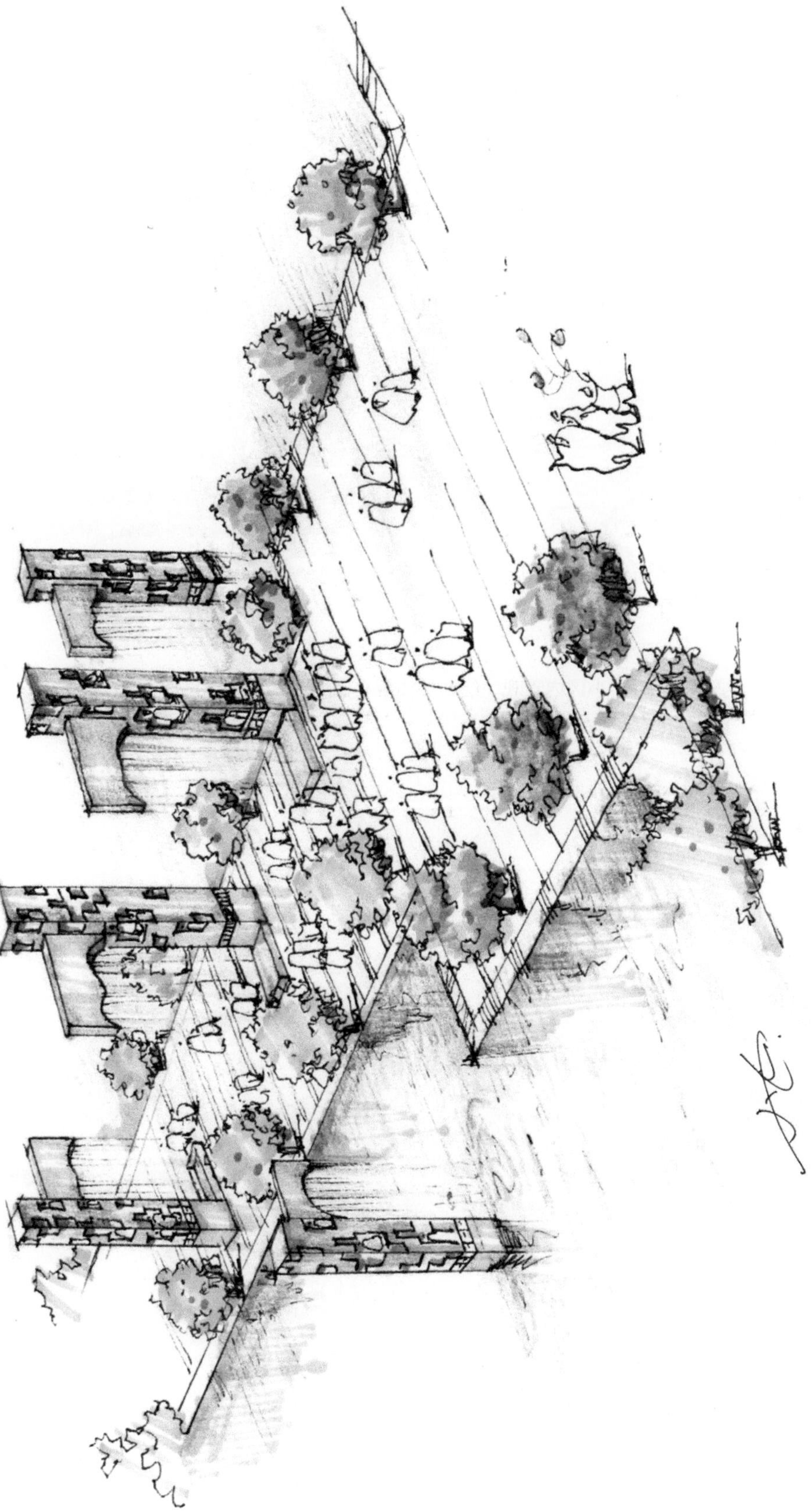

图 6-10　画面结构严谨，景观设计意图表达清晰

图 6-11　小区内景观手绘图要体现小区中丰富的景观环境

图 6-12　画面中整体的色调要统一，前景与背景的植物要有层次

图 6-13　除了前景与背景色调统一之外，水面与天空的处理也颇为讲究

图 6-14　人物的增加不仅使画面更为生动，还体现了人物与建筑之间的比例关系

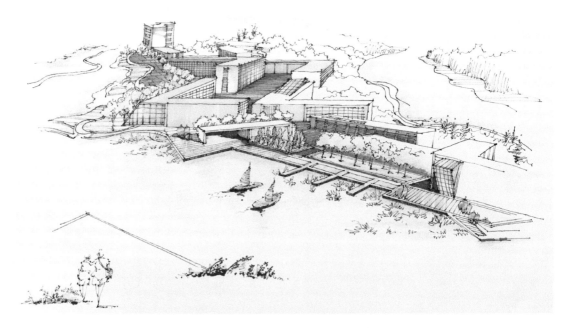

图 6-15　鸟瞰场景的整体表现对透视关系的要求更加严谨

图 6-16　手绘将设计师的意图得以完美展现

图 6-17　丰富的色彩使画面更加富有活力

图 6-18　手绘将该景区的功能意图得以充分表现

图 6-19　大胆的用色营造出出乎意料的效果

图 6-20　不同的色调反映了不同季节的植物色彩

图 6-21　娴熟的处理手法将画面表现得栩栩如生

图 6-22　丰富的色彩将景观构筑物充分表现（1）

图 6-23　丰富的色彩将景观构筑物充分表现（2）

图 6-24　丰富的色彩将景观构筑物充分表现（3）

图 6-25　丰富的色彩将景观构筑物充分表现（4）

参考文献

[1] 黄勇隽．建筑设计草图与手法．天津：天津大学出版社，2006．

[2] 谢尘．户外钢笔写生技法详解．武汉：湖北美术出版社，2008．

[3] 吴传景，张学凯．环境艺术设计效果图表现技法．武汉：华中科技大学出版社，2016．

[4] 齐康．齐康建筑画选．北京：中国建筑工业出版社，1994．

[5] 李强．手绘设计表现．天津：天津大学出版社，2004．